発酵文化人類学

微生物から見た社会のカタチ

小倉ヒラク

角川文庫
22216

目次

本文デザイン／大原由衣

はじめに　発酵をめぐる冒険に、いざ出発！

皆様はじめまして。発酵デザイナーの小倉ヒラクです。

「発酵デザイナー？　いったいナニモノ？」

まあそうなりますよね。

僕は、目に見えない微生物の世界のナビゲーター。普段意識しないけれど、実は僕たちの暮らしを支えている発酵菌たちのエヴァンジェリスト（伝道師）として、日本はもちろん世界の東西南北あちこちを巡りながら、世界中で育まれた不思議な発酵文化を皆さまに伝える仕事をしているのです。

「伝えるだって？　どんな風に？」

そのためにこの本があるのだ！

昨今、CMや雑誌の特集でよく見かける「発酵」というキーワード。一般的には「美味しい」「健康にいい」と実利的な側面で語られることが多いけれど、実は文化的に紐解いてみるともっと奥深い魅力を発見することができます。

例えば。身近な発酵食品である味噌を紐解けば、アナタが住む土地の歴史が明らかになる。あるいは、ヨーグルトがなぜ健康に良いのかを調べると、ミクロの生命の秘密が見えてくる。

「発酵のひみつ」をひとたび知れば、見えないはずの微生物たちと友だちになれる。
「微生物の視点」を借りれば、この社会のカタチが今までと違って見える。

この本を読めば、発酵の仕組みがなんとなくわかるのはもちろん、微生物と人間の関わり、僕たちが長年培ってきた暮らしの文化の奥深さ、日本人がどのように「見えない自然と向かい合ってきたのか」というスタンス、そして美味しさや美しさを感じる人間の認知システムのカラクリなど、色んな「ひみつ」が見えてくる。

文化の本質は隠されている。目に見えない自然のシンボルである微生物たちは、隠された「ひみつ」をこっそり教えてくれるメッセンジャー。
微生物の目線で社会を見てみよう。そこには「ホモ・ファーメンタム（発酵するヒト)」が愉快に食卓を囲んでいる姿が見えるはずだ。

発酵文化人類学とは何か？

それでは本編を始める前に、本書のタイトルにもなっている「発酵文化人類学」の定義をしたいと思います（なぜなら僕が勝手につくった造語だからね！）。

大学時代に僕が学んでいたのは、文化人類学。10代の終わり頃からバックパックをかついで世界中あちこち旅して、色んな文化を見て回るのにハマっていました。そんなバックパッカー少年にとって、文化人類学は「なぜ世界にはこんなにもたくさんの文化があるのか」という疑問に答えてくれる学問だったのですね。

僻地にせっせと足を運んで宝飾品や器を集めたり、祭りや入れ墨や建築の細かい特徴を写し取ってコレクションにしたり。旅が終わったら書斎に戻ってきて、素材を分類して分析し、具体的なオブジェやモチーフの裏に潜む「文化のひみつ」をあぶり出す……という文化人類学者の姿は、バックパッカーやってモラトリアムを満喫していた自分を勇気づけてくれる憧れの存在でした。

そして時は流れ、僕はデザイナー兼発酵研究家という不思議な仕事をするようになり、僻地にせっせと足を運び、お味噌だのお酒だの、醸造用の道具だの、蔵の土壁のカケラだのをせっせと収集し、自宅に持ち帰った素材を顕微鏡で覗き込みながら日夜微生物の世界の研究に没頭するようになっていました。

「あれっ……なんかこれって大学時代に夢中だった文化人類学の研究に似ているぞ？」と気づいた瞬間に「発酵＋文化人類学」という発想が浮かんだんですね。普通だったら絶対に交わらないはずの線がつながってしまった。しかしだ。考えてみれば発酵の道も文化人類学の道もそれぞれ「交わらないはずの線がつながった学問」だと言えるのですね。

　発酵の道は「生命工学と社会学の交差点」。お酒が発酵する現象は、化学式に変換できる＝生命工学。けれども、どうして人それぞれ好きなお酒が違うのかは、化学式にはできない＝社会学。

　文化人類学も同じような構造になっています。様々なオブジェや民話をデータとして分解して共通項を再構築して体系化する＝情報工学。けれども、どうして人類がこんなにも多様な文化を生み出したのかを考えるには、データを超えた仮説を生み出す想像力がいる＝社会学。

具体的なモノからスタートし、抽象的なメソッドとして体系化する。その時、歴史の奥に隠された「世界のひみつ」の扉が開く。その扉を開けるにはクリエイティブな感性と広い視野でものを見る思考力が試される。

　これはまさに、文化人類学からスタートし、デザイナーを通過し、発酵に行き着いた僕にしかできない試みではないか……？　と勝手に思い込んでしまったが最後、各地で面白い発酵食品や微生物を見るたびに「僕は今、発酵文化人類学者なのだ！」とがぜん研究モードになっているわけなのでした。

　さて、では「発酵文化人類学」を暫定ですが定義してみましょう。発酵文化人類学とは、

発酵を通して、人類の暮らしにまつわる文化や技術の謎を紐解く学問

のこと。生命工学＝バイオテクノロジーの応用研究のように、新しい技術や商品を開発するのではなく、すでにあるものを集めて編集しなおし、文化や技術の歴史に新しい視点を持ち込む。つまり、発明するものは「技術」ではなく「視点」。

「発酵」や「微生物」というキーワードによって、今まで関係ないと思われたものの関連性が明らかになったり、当たり前すぎて見落としていた文化の重要性が思いもかけないスケールで浮上してくる……そんなことを目指していきたいと思っています。押忍！

僕が発酵デザイナーになるまで

「どうして発酵デザイナーと名乗ろうと思ったんですか？」

はじめましての人にほぼ確実に聞かれるこの質問。いつも「いやあ、微生物が好きでね〜」と照れ笑いしてごまかしているのですが、これを機に紆余曲折をちゃんと説明してみようではないか。

大学時代の終わり、僕はバックパッカー旅の総決算として、大学を1年間休学してパリで美術の勉強をすることにしました（この時の体験は、PART5で詳しく取り上げます）。僕がいたのは、パリの東端ベルヴィルという移民街。フランス人よりもアフリカやアジア、東欧からの移民のほうが目立つカオスな環境で楽しく過ごして帰国してみると、就職活動の時期はとっくに終わり、就職口が決まらないまま卒業。そのままブラブラしているうちに「絵が描けるんだったら、イラストやデザインの仕事もできるだろ」と細々とした仕事が来るようになり、そのうちスキンケアの会社のデザイン部門に拾われ、そこから独立して自分で事務所を構え……と、気づいたらいっぱしのデザイナーになってバリバリ仕事していたのが20代半ばの頃。就活せずにパリで美術を勉強した

のが転機になった。人生に無駄はないぜ！

無職でやることなくてブラブラしていた状況から、「どれだけやっても終わらないほど仕事がある」というのが嬉しくて、夜遅くまで働いて、その後朝方まで友だちと遊んで……というのを繰り返していたら、ある朝「あれっ？カラダが動かないぞ」というゾンビ状態になっていました。歩いていると目眩がして倒れるし、雨が降ったり風が強いと耳鳴りがヒドい。全身に血が回っている感じがしないし、何を食べても美味しくないし、アタマも全然回らない。そのうち小さな頃の持病だった喘息やアトピーがぶり返して、咳のしすぎで夜眠れないし、首や関節の皮膚が乾いてボロボロ。

そんな頃に出会ったのが、山梨の老舗味噌屋の末娘（スキンケア会社の同僚だった）と、彼女の大学の恩師である発酵学者の小泉武夫センセイ。[※1] 味噌屋の娘といっしょに小泉センセイの研究室を訪ねると、小泉センセイは僕の顔を見るなり、

「お前ッ……さては免疫不全だな。味噌汁飲め！　納豆と漬物食え！」

と猛烈プッシュ。で、それを実行してみたところ、あら不思議、だんだんと朝の低体温&低血圧がなくなり、それとともに喘息もアトピーもおさまっていったのでした。

　それから小泉センセイの著書を読んで「発酵っておもしろいなあ」と興味を持ち始めた頃、味噌屋の末娘から「ヒラクさん、実家の味噌屋のデザインやってくださいよ」と頼まれ、彼女の実家、山梨を訪ねることに。大きな木樽がたくさん並ぶ味噌蔵の、ひんやりと心地いい空間にしばらく佇んでいたところ、突如、

「ヒラク君……聞こえてますか……僕たち、発酵菌です……。キミの力で……僕たちのことを、人間界に伝えてほしいんだけど……今からこっちの世界に来られますか……？」

と、微生物が自分を呼ぶ声が聞こえたような気がしたんですね（たぶん錯覚だけど、思い込みが人生を変えるということもままある）。

　その微生物の声に導かれるように味噌屋のデザインの仕事を始めたら、それまで経験

したことのない大ヒットに。その仕事を皮切りに、酒蔵や醤油蔵、ビールメーカーなど、全国各地の醸造家たちからデザインの仕事を頼まれるようになり、いつしか「やたら発酵に詳しいデザイナーがいるぞ」という噂が広まり、発酵に関わるデザインの専門家のようになっていきました。

「これはもう、普通に『デザイナー』と名乗っている場合ではないのでは？　ていうかもはや本格的に微生物界に参入するしかないのでは？」

と覚悟を決め、「自分は発酵デザイナーである。これからは発酵と微生物に関わる仕事しかやらないのでよろしく」と宣言したのが２０１４年のこと。それまでの普通のデザインの仕事に区切りをつけてヒマをつくり、30歳を過ぎて東京農業大学醸造科の研究生になり、改めて微生物の世界を本格的に学ぶことに。

　この瞬間、世界で唯一の「デザイナー兼発酵研究家」という不思議な肩書が生まれたのでした。

発酵をめぐる冒険に、いざ出発！

「そんなニッチすぎる肩書で仕事があるのかよ？」

と周りは思ったかもしれないけど、僕には勝算があった。

実は発酵産業は巨大な産業だ。[※2]日本の市場だけに限定しても、食品だけでおよそ5兆円。定義の仕方にもよるが、医療品生産や環境技術などを含めると総計10兆円をゆうに超える、建設業界に匹敵する巨大なマーケットであり、その広大なブルーオーシャンにいるデザイナーは僕ひとり。微生物の世界は、目に見えないが巨大な金（菌）鉱なのであるよ。「発酵デザイナーです。以後よろしく」と宣言してから、予想もつかないような不思議な依頼が次々と舞い込んできた。発酵文化を旗印にしてまちおこしをしたい自治体から。新しい技術を開発したものの、普通の人にそれをどう伝えていいか困っている企業から。バイオ学科の理系学生とデザイン学科の美術系学生をコラボさせたい大学から。

パッケージやパンフレット、WEBをデザインする「いわゆるデザイナー」の枠を超えて、半分研究者、半分コミュニケーターとして、技術や文化を橋渡しするのが、発酵デザイナーに託された役割だ。世の中には色んなニーズがあるもんだね。

そして。発酵文化は地方の文化でもある。依頼の大半は、東京以外の地方の小都市や農漁村から。山にも平野にも海にも川にもそれぞれの風土に育まれた発酵文化がある。そういう場所でデザインのプロジェクトをやるためには、その土地の歴史や風俗、地質のリサーチをしっかりしないと、説得力のあるデザインはつくれない。

賢明な読者の皆さまはお気づきであろう。ここで大学時代に学んだ文化人類学の方法論が活躍しまくったのであるよ。郷土資料館を訪ねて歴史を掘り起こしたり、村の長老から昔の暮らしぶりの聞き取りをしたり、農業や醸造の現場を訪ねて生産過程を詳しく調査したり、文化人類学者のフィールドワーク（現地調査）のノウハウが学問ではなくデザインの現場でめちゃくちゃ役に立った。

そういう意味では、僕は発酵デザイナーになったのと同時に、文化人類学者になる憧れもいくぶんかは叶えたのかもしれない。

で。僕の身の上話はもうちょっとで終わるよ。

色んな土地に行って見聞きしたことを、自分のブログでまとめていったところ、それを読んだ雑誌やＷＥＢメディアの編集者からコラム執筆の依頼が来るようになり、世界各地の発酵食品や郷土文化のことを文章で伝える仕事も増えていった。すると、それを読んだ自治体の職員や食関係の仕事をしている人から「ウチの発酵食品食べに来ませんか？」という、もはやデザインとは全然関係ないオファーが来るように。「はいはい！　食べます！　喜んで！」と色んな地域に足を運ぶうちに、気づけば、民俗学者の宮本常一のように（というと大げさだけど）、各地を歩いて発酵文化を見て記録して回ることが仕事のようになっていた。

文化人類学、美術、デザイン、発酵……と一見回り道ばかりしているように見えた僕の人生のパーツは、味噌蔵で出会った微生物たちの導きによりひとつのパズルに組み上げられた。発酵という未知の世界へ飛び込んでフィールドワークをしてまわる文化人類学者としてのキャリアだ。

本書『発酵文化人類学』は、デザイナーの「手」で全国津々浦々歩いて拾ったものを、発酵スペシャリストの「目」で観察し、文化人類学者の「アタマ」を借りて掘り下げたフィールドノートだ。人生を回り道するあいだに拾った雑多な知恵と技術を「ブリコラージュ[※3]」してこしらえた登山道具で、自分を導いてくれた大先輩の研究者たちの登った山のその先を超えていきたい。

何千年も人類を魅了してやまない、発酵という険しくも優しさに満ちた高い山の頂《いただき》を目指して、いざ出発！

〈この本の読み方ガイド〉

本書は、発酵を通して人類の文化を掘り下げる、世にも珍しい「発酵カルチャー本」。いわゆる発酵の入門書でもないし、かといって文化人類学の専門書でもありません。本編を始める前に、本書に期待していいことと期待しちゃダメなことをきちんと整理しておくぜ。

【期待していいこと】

・発酵文化の面白さがわかる
・同時に文化人類学における主要トピックスがなんとなくわかる
・人類の起源や認知構造についてそれとなく見識が深まる

【期待しちゃダメなこと】

・発酵について体系的に学ぶ
・文化人類学について体系的に学ぶ
・発酵食品の健康機能や美容効果がわかる

つまるところ、この本は何かの入門書ではないわけで。発酵

食品の製法や発酵プロセスについてある程度解説はしていますが、教科書のように順を追って解説するものではないし、一般書では取り上げないようなディープかつマニアックな話題もたくさん出てきます。

発酵と文化人類学から派生して、生物学の基礎や遺伝学、宗教やデザイン、アートなど様々なトピックスが入り混じる「ごちゃ混ぜ落語形式」で進めていきます。

いわゆるノウハウ本として読めないこともないけれど、人間と微生物の織りなすミクロの不思議な世界を旅する「トリップ本」として読んでもらえたら幸いです。

アナタの好きなペースで、好きなように解釈して読んでね。

※1　日本の発酵学者。膨大な食のコラムを書いていることで有名。僕を発酵の世界に導いた大先生だが、絶対僕のこと覚えてない！

※2　経産省『微生物遺伝資源に関する新たな整備計画・利用促進方策』の参考資料（２０１３年発行）を参照。

※3　フランス語の「bricoler」（素人仕事、日曜大工）から。ありあわせの手段・道具でやりくりすること。

Column 1

発酵ってそもそも何ぞや？

「突然ですが質問です。塩を振った煮大豆と、お味噌。毎日食べたいのはどちらですか？」

と聞かれたら、ほとんどの人が「もちろん味噌！」と答えるはず。

しかしだ。考えてみれば、煮大豆も味噌も実は原料はほぼ一緒。なのに、なぜ味噌には毎日食べても全然飽きない複雑な風味と香りがあるのか。

そのひみつは、微生物。目に見えない生き物が、食べ物を美味しく変身させる。麹菌という特殊なカビが大豆にくっつくと旨味とコクたっぷりの味噌になり、ブドウに酵母（イースト）がくっつくと香り高いワインが、牛乳に乳酸菌という細菌がくっつくと酸っぱくてさわやかなヨーグルトができる。

このように、微生物が人間に役に立つ働きをしてくれることを「発酵」と言います。

微生物＝生物の第三のカテゴリー

動物・植物・微生物。この3つのカテゴリーが、生物の古典的な分類の3つ。動き回ってエサを食べる生き物と、動かずに光合成して生きる生き物と、目に見えない生き物。発酵は、第三のカテゴリーである微生物たちが主役になって引き起こされる現象です。

さてこの微生物、実は地球上で最も繁栄している生き物。空気中にも土のなかにも、皮膚の表面にも何億、何兆と住んでいる。植物のように光合成するもの、動物のように動き回って他の生物を食べるもの、光も酸素もない地底や深海、氷河や火山でもへっちゃらな摩訶不思議なものもいます。北から南、空から海底、地球の隅々まで無数の微生物が住ん

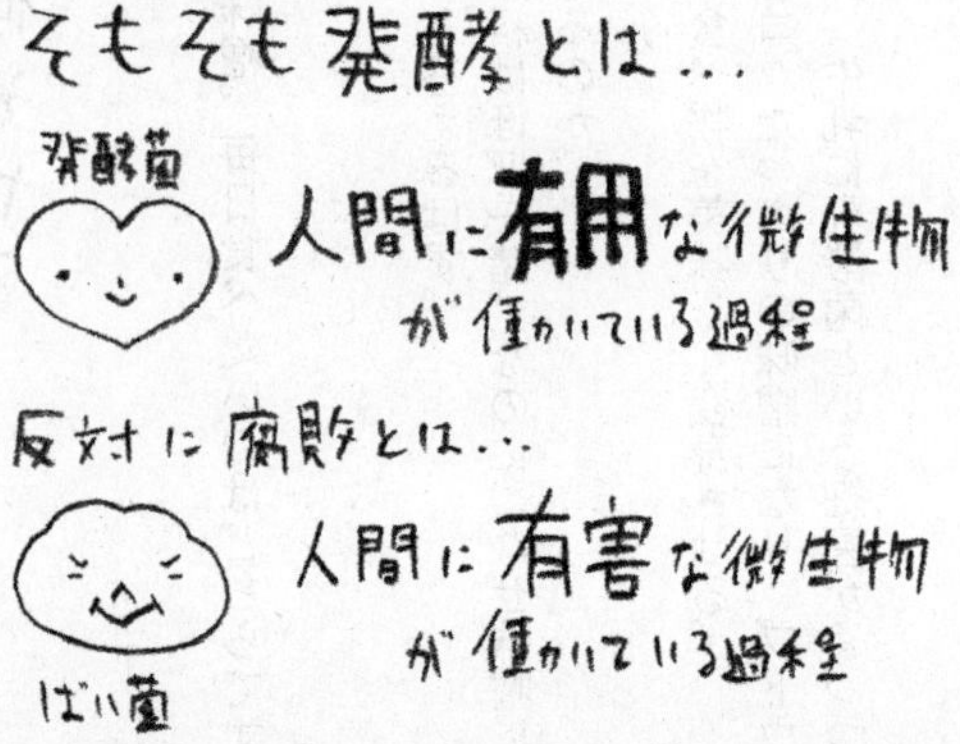

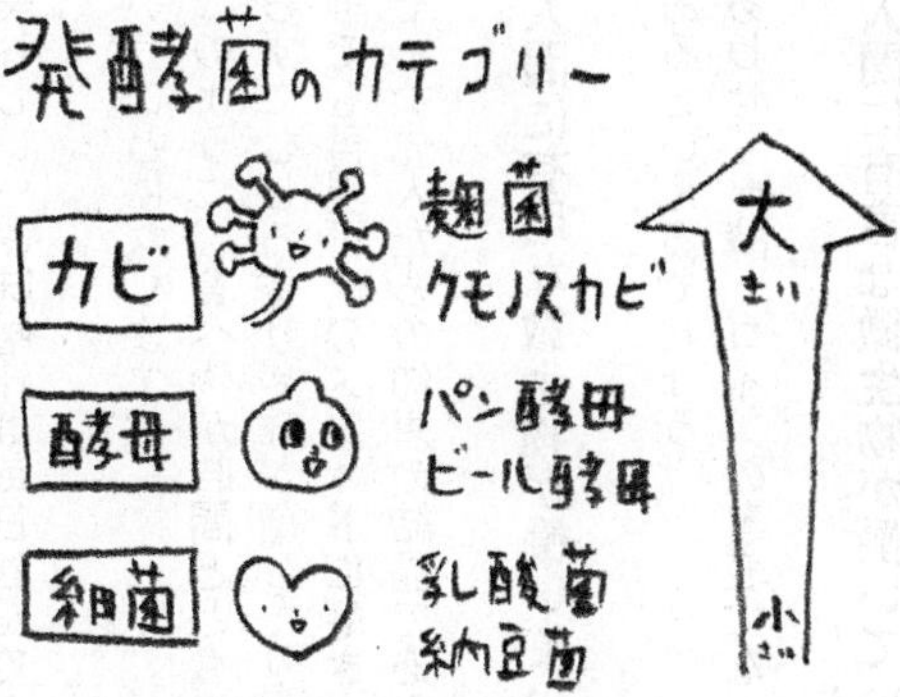

でいる。

そのなかに、ごく稀に「人間によくなつき、良いことをしてくれる微生物」がいます。

そいつらを「発酵菌」と呼びます。この発酵菌は、次の3つのカテゴリーに分かれます。

発酵文化＝微生物のちからを引き出す技術の結晶！

今のように豊かな食材や食べ物を保存する冷蔵庫がなかった時代、発酵は厳しい冬や夏の腐敗を生き延びるために大事な技術でした。食における発酵の機能を定義すると、この3つ。

先ほどのお味噌を例にとると、

①腐らない：煮大豆は1週間で腐るが、お味

噌は何か月も腐らない
②栄養満点：お味噌には良質のたんぱく質やアミノ酸やビタミン類がいっぱい
③美味しい：お味噌汁は毎日飲んでも飽きないほど美味しい！

ということになります。

このように、食べ物が時間とともに変化していく様子を注意深く観察しているうちに、腐らずにむしろ香りや味が増したり保存性が高まるレアケースを選別し、それをいつでも誰でも再現可能のメソッドに磨き上げていったのが発酵という「文化」の原点。

そんな先人たちの知恵の結晶である「発酵」を、最も一般的に定義にすると、

人間に有用な微生物が働いている過程

であるといえるでしょう。

あわせて発酵とコインの裏表になっている「腐敗」は、

人間に有害な微生物が働いている過程

と定義することができます。

ざっくり言うとだな。

人間に役に立てば発酵、役に立たなければ腐敗

ということになります。つまり発酵というのは、普遍的かつ唯物論的な概念のようでいて、本質は「人間中心の唯心論的概念」であると言えるでしょう。

……えっ、ムズカしい表現するなって?

要は「愛が恋人たちのなかにしか存在しないように、発酵もまた食いしんぼの人間のなかにしか存在しない」ってことなのさ。

生命工学的に定義すると、発酵は生物界における普遍的な科学現象。

ですが、序章で述べたように「人の好み」という側面から見ると、とたんに発酵は哲学的・文化人類学的様相を呈することになる。

本編では、科学と哲学、客観と主観、微生物界と人間界のあいだを行ったり来たりしながら「発酵とは何か？」が掘り下げられていきます。どうぞよろしく。

PART 1

ホモ・ファーメンタム

発酵する、ゆえに我あり

ホモ・ファーメンタム（発酵するヒト）

北はシベリアの氷河から南は南米の熱帯雨林まで、世界中に分布している多様な人類のルーツはただひとつ。ホモ・サピエンス（ラテン語で「賢いヒト」という意味）だ。20万年ほど前にアフリカ大陸にあらわれたホモ・サピエンスは狩猟・採集民族としてユーラシア大陸を移動しながら、紀元前1万年には地中海東端エリアに定住し、古代メソポタミア文明や古代エジプト文明を築いた。

３０００年以上前につくられた古代エジプトの壁画には、ブドウを搾ってワインを醸したり、魚を塩漬けにして熟成させていると思われる場面が描かれているものがある。発酵の起源は、最古の文明の登場とともにある（というかたぶんもっと前からお酒とかつくってパーティしてた）。

収穫した麦が洪水で冠水し、気づいたらプクプク泡がたっていた。それを水に漬けっぱなしにしていたらビールになり、捏ねて焼いたらパンになった。

あるいは収穫したブドウを搾ったジュースをほっておいたら、何やらかぐわしい香りが漂ってきて、いつの間にかブドウの甘味が消え、そのかわり独特の酸味とコクが生まれていた。これがワインの始まり。

これを科学的に解説してみるとだな。

麦は発芽して麦芽（モルト）になると、植物自身の酵素のちから[※1]によって、粒のなかに糖分を蓄積する。この糖分に、酵母という微生物、もっと正確に言うとサッカロマイセス・セレビシエ[※2]という菌が取り付いて、アルコールとプクプクのもとになるガス（二酸化炭素）を発生させる。ビールのシュワシュワの泡とアルコールは、ビールメーカーの人が添加しているわけではなく、微生物がつくっているんだよ。実際にガスを封入していることもあるそうですが。

麦を水で捏ねて、発酵させないで焼くのがチャパティ。発酵させて焼くとナンになる。ナンがふっくらしているのは、酵母の出すガスが生地をふくらますから。パンで酔っ払わないのは、焼いているうちにアルコールが飛んでしまうからだ。単なるおやきがふっくらしたパンにな

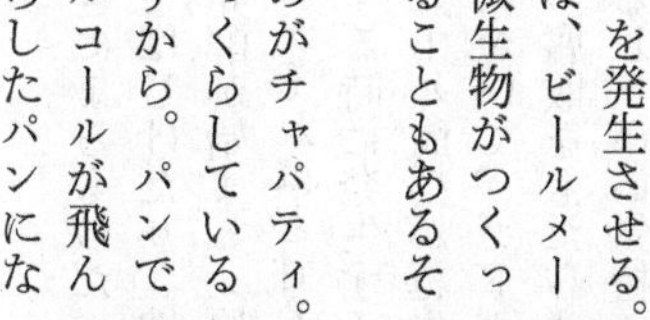

ナクトの墓の壁画の一部。

るのもやはり酵母のちからだ。[※3]

ではワインはどうか。これも酵母の働きによるものだ。ブドウの皮には野生の酵母がびっしりくっついていて、ブドウが熟してはじけたり、地面に落ちてつぶれると、皮についた酵母たちがブドウの糖分を食べて発酵が始まる（原理は前述のビールと基本的に一緒）。ブドウジュースが甘いのにワインがそれほど甘くないのは、糖分を酵母が食べてしまうから。そのかわり、酵母が発酵する時に発生するアルコールや香り、コクがブドウ汁にプラスされて、かぐわしいアルコール飲料が誕生する。[※4]

しかも、ワインは密閉されている限りにおいて、ブドウジュースよりも腐りにくい。酵母のつくり出す成分と酵母のちからが、腐敗をもたらす雑菌を寄せ付けないバリヤーを張るのであるよ。美味いし、長持ちするし、いい気持ちになるし。これを利用しないテはないだろう？

古代文明に生きた人々は「なんだかよくわからんが、適切な環境と時間を用意すると麦やブドウからサイコーすぎる食べ物がつくれる。やっほー！」と盛り上がったはずだ。そして、町でいちばんの料理上手がそれをレシピ化し、あちこちでパンや酒が醸されまくることになった……。

はいココ！　人類の転換点ですよー！

「賢いヒト」であるホモ・サピエンスは、目に見えない不思議な生き物たちの働きに気づき、その力を引き出す方法を体系化し、自分たちの文化と暮らしに埋め込んだ。この瞬間、ホモ・ファーメンタム（ラテン語で『発酵するヒト』の意。僕が勝手に名付けた）が誕生した。「目に見えない微生物とコミュニケーションを取るヒト」が爆誕したのであるよ。

　プクプクしている熟した果実を食べてフラフラしているお猿さんやシマウマさんの映像をテレビで見たことがあるが、彼らは「自分の手で発酵を計画すること」はしない。「人類を人類たらしめている要素は何か？」哲学者のように己に問うてみた時に、発酵デザイナーはこう結論づける。

「発酵する、ゆえに我あり」

同時に、

「酒を飲む、ゆえに記憶なし」

と。

日本人と発酵するカビの出会い

日本でも、最古の歴史資料である『古事記（712年編纂）』に「ヤマタノオロチ[※5]を酒に酔わせて殺した」という記述があるように、米や果実から酒をつくっていたことが確認できる。たぶんもっと前から何かしら醸していたとは思うのだが、オフィシャルには1300年くらい前にはもう日本人はホモ・ファーメンタムになっていたことがわかる。

特筆すべきは、『播磨国風土記（713〜715年編纂）』にある有名なポエムの一節。

「大神の御粮《みかれい》沾《ぬ》れてかび生えき　すなわち酒を醸さしめて庭酒《にわき》を献りて宴《うたげ》しき」

クラシカルな古語で書かれているので、僕なりに超要約すると、

「神さまにおそなえしたご飯がカビたら酒になったから、みんなでめっちゃ飲んでごきげんパーティしたYO！」

という超パーティピーポーな歌であるよ。ポイントは「ご飯がカビた」ということと「お酒ができた」という一見不可解なつながりだ。

「カビるって……つまり腐ってるってことなんじゃないの？」

まあ普通はそうなんだけど、東アジアには「必殺カビ発酵」という伝統があるんですね、奥さん。とりわけここ日本は「カビを使った発酵技術」が最も発達した文化のひとつ。前述の「西（地中海）のルーツは酵母」に対して、「東のルーツはカビ」と定義することも可能なぐらい、東アジアひいては日本の発酵文化にとってカビ発酵は絶対必須。オリンピックでいうところの柔道とかフィギュアスケートのような「お家芸」なのであるよ。

それではさっそく解説していこう。

この「放置した米を酒にかえた微生物」の正体は、ニホンコウジカビ[※6]という、田んぼや稲に棲みつく特殊な「発酵カビ」の一種だ。このニホンコウジカビ、一般には「麴《こうじ》菌《きん》」と呼ばれる日本特有の発酵菌。和食の基礎となる日本の食文化に欠かせない重要な微生物なのだね。

で。ニホンコウジカビの解説をする前に、カビ一般の説明をすることにするね。

カビとは、微生物のなかで最も大きく、かつ高度に発達した「真菌類」というグループに属する。植物と動物の中間のような不思議な生き物で、植物でいうところの根っこに相当する「菌糸」と、茎や葉の部分に相当する「胞子」という部分に主にわかれている（ちなみにカビと兄弟のような関係なのがキノコだ）。

身体の構造は植物によく似ているのだが、植物と違って光合成はせず、動物のようにエサを食べて生きている。例えば雑木林を散歩していると、果物や動物のフンや昆虫の死骸がモヤモヤに覆われているのを見ることがあるでしょう。あれ、カビなんですね。

栄養のあるエサに取り付くと、まずは根っこ（菌糸）を伸ばし、栄養を吸い上げる。次に葉っぱ（胞子）を伸ばし、エサを覆い尽くす。じゅうぶん育つと、胞子の先端から種を飛ばす。空中や地面、草木の表面に飛んだ種はいったん冬眠状態に入るが、エサを見つけると動き出して栄養を吸い上げる……というサイクルで生きている。

「ヒラク君は何の話をしているんだね？　カビの話が発酵となんの関係があるんだ？」

だいじょうぶ。もうちょい後になったらこの解説の意味がわかってくるから。

このようにカビは死んだ生き物を食べる「分解者」であり、自然の生態系のキーを握っている存在だ（なかには殺し屋のように他の生き物を捕獲して殺す怖いカビもいる）。

ここで僕が強調したいのは「カビは微生物のなかでもとりわけ分解力が強い」という

ことだ。乳酸菌や酢酸菌なども有機物を分解するのだが、かなり限定された条件でしか分解を行うことができない。合コンをセッティングしてもらって、周りから「こいつ超いいヤツなんですよ〜」と持ち上げられ、さらにお誘いのメールを代筆してもらってはじめてデートができるシャイなボーイ&ガールを想像してほしい。
対してカビは、相手に恋人がいるのを承知でデートに持ち込んで略奪愛をサクセスさせるようなアグレッシブ系の微生物なのだよ。よって生命力が半端なく強い。森のなかでも水辺でも高気密のオシャレ新築RCマンションのエアコン送風口とかにも余裕で適応し、浴槽のはじっこにくっついた垢の栄養を食べて繁殖したり、お気に入りの本をボロボロにしたりする（紙はもともと植物の繊維＝死体だからね）。

カビ（真菌類）は目に見える動物&植物の世界と、目に見えない微生物の世界を橋架けする存在だ。

そのままでは普通の菌たちが分解できない固い植物の細胞の壁を食い破り、複雑で巨大な生物の身体を構成する化合物を分解し、シンプルで小さな物質に還元してしまう。そしてその小さく分解された物質が、カビよりもっと小さな菌たちのエサになる。

さあ、それではもう一度「お米がカビた酒」の話に戻ろう。

神さまにおそなえしたお米を見つけたニホンコウジカビ（麴菌）はいったい何をしで

かしたのか。もともと田んぼに棲息しているニホンコウジカビは、お米が大好物。しかし生米は固くて取り付きにくいので、お米に熱を加えて柔らかくしないと食べられない。播磨国風土記のポエムには「御粮沾《みかれいぬ》れて」とあるが、これは「おこわ（蒸した米）が湿気で濡れている」という状態。お米に熱が加えられて柔らかくなり、さらに湿気が加わった状態がニホンコウジカビにとっての理想の環境だったということだ。都心で働くサラリーマンにおける「初夏、華金の夕方、新橋のガード下、生ビールで乾杯」ばりの理想っぷりである。

さて、この「いい感じにしっとりしたおこわ」に取り付いたニホンコウジカビは、お米の内側に根っこ（菌糸）を張り巡らせ、お米の主成分のひとつであるデンプン質を食べてエネルギーを吸収する。このデンプン質を吸収する過程で、デンプン質は糖分に分解される。

通常カビというと、人間に害をなす微生物だと思われがちだが、ニホンコウジカビをはじめとする発酵カビたちは、その強力な分解力を人間のために役立たせてくれるレアなカビなのだね。

ニホンコウジカビがどんどん成長すると、お米のまわりを白い葉っぱ（胞子）で覆い尽くし、米粒が白くモコモコした状態になる。これは前述の糞や昆虫の死骸がモヤモヤに覆われたものと同じ現象だ（汚い例えですいません）。

カビの胞子でモコモコした米粒のなかを見てみると、デンプン質がすっかり糖分に変わっている。つまり、お米がブドウのように甘くなっている。カビの分解力が、お米を果実に変えてしまうのだ。

さてここでワインの発酵を思い出してもらいたい。

酵母のエサは、糖分だ。ニホンコウジカビによってモコモコして糖分が蓄積したお米は、酵母にとっての「初夏、華金の夕方、新橋のガード下」シチュエーションなのであるよ。

酵母が発酵するには水分が必要なので、カラカラに乾いた米を水に浸ける。すると、そのへんをフワフワ飛んでいる酵母が水のなかに入ってきて、お米のなかに貯まった糖分を食べ、アルコールと炭酸ガスをつくりだす。つまりワインと同じ発酵が起きるのだ。日本酒蔵の樽のなかで、液体の表面が白くプクプクしている場面を見たことがある人も多いと思う。あれはつまり「コウジカビがつくりだした糖分を、酵母が食べてお酒にしている」という場面なのだね。カビと酵母という、異なる微生物同士でバトンリレーが起こっているわけだ。

生物学の基礎知識がないと、この「菌の共同作業」はわかりにくいかもしれない。例えて言えば、このニホンコウジカビ（麹菌）は「発酵界におけるタモリ」だ。タモさんは常に他のタレントと一緒にいることでその真価を発揮する。もちろんひとりでも芸達者ではあるが（四ヵ国語麻雀とか）、他の芸人やアイドル、アナウンサーたちの力を引き出す名司会として、芸能界に欠かせない存在になっている。まだ経験の浅い新人も、タモさんと一緒に舞台に立つとそれなりに見えてしまう。

ニホンコウジカビも同じだ（とかいうとタモさんに怒られそうだが）。単体でも優れた栄養分や風味をつくり出すが、酵母や乳酸菌たちとコラボする時に、彼らの活躍する舞台を整える優れたプロデューサーになる。コラボする微生物たちが発酵をうまく進められるように、分解しにくい穀物の栄養分を細かく分割して整理整頓しておいてくれる。自身の優れた力を、他の微生物のために使う利他的な発酵菌なのであるよ。

ニホンコウジカビの生態を観察すると、僕が「カビが異なる生物を橋架けする存在だ」と言った意味がわかるはず。えっ、わかんない？ これから先こういう話が延々続くから今すぐ読むの止めて、発酵が好きそうな友だちにこの本をプレゼントするのをオススメします。

発酵カビが、食のアイデンティティをつくった

お米にニホンコウジカビがくっついてモコモコしたものを「糀《こうじ》」と書き表すことがある。お米に白い胞子がまるで花咲くように生えるので、この漢字になった。なかなかロ

マンチックな感性だよね。

でも一般的には「糀」という漢字は使われず、麦偏の「麹」という漢字がスタンダードになっている。この「麹」は、お米や麦、大豆など穀物一般に発酵カビを生やしたものを指し、中国で生まれた漢字（現代中国では「曲」という漢字に取って代わられた。古代中国には日本の「糀」の原型である「糵《よねのもやし》」という漢字があったが今は使われていない）。

対して「糀」という漢字は、穀物のなかでもとりわけお米に、発酵カビのなかでもとりわけニホンコウジカビだけにあてられる漢字。日本だけで使われる和製漢字だ。

日中のこの2つの漢字を比較してみると、食文化のアイデンティティが浮かび上がってくる。それはいったいどういうことなのであろうか。

中国で一般に使われる「麹」は、小麦や大麦、高粱《もろこし》などの雑多な穀類や薬草類を粉に挽いて、それを水で捏ねてつくったお団子あるいはお餅のようなものに、クモノスカビ[※7]あるいはケカビ[※8]という、ニホンコウジカビとは別種の発酵カビを繁殖させてつくる。「餅麹《もちこうじ》」という製法に分類され、中国の市場をよーく見ているとときたま発見できるが、日本のようにどこのスーパーでも売っているものではない。

この「麹」の用途は、主に紹興酒や、白酒と呼ばれるアルコール度数が超強い焼酎の製造。醸造の原理は「お米がカビた酒」とおおむね一緒（日中ともに色んなお酒の製法があるから一概には言えないけどね）。日本のように調味料や漬物に使われることはほとんどない。

対して日本の「糀」は、パラパラにバラした蒸米一粒一粒にニホンコウジカビを繁殖させる。中国の「お餅スタイル」ではなく、「米粒バラしスタイル」なので、「散麹《ばらこうじ》」という技法に分類される。日本東西南北津々浦々まで普及しまくっており、和食のなかでもっとも重要な食材と言っても過言ではない。街場のごくフツーのスーパーでも簡単に見つけられる。

「糀」の用途は、酒はもちろん、調味料やスイーツ（甘酒）や漬物の床など多岐にわたり、もし糀が日本から消えたなら、日本人は何を料理していいのか途方に暮れ、レトルト食をレンチンしているあいだにユーチューブでネコ動画をぼんやり眺めるだけの民族に成り果てるであろう。

ちなみに日本でも、麦や大豆にニホンコウジカビを繁殖させる「麹」が存在するが、お餅スタイルではなくバラしスタイルで発酵させる。

さらにディープに掘り下げてみよう。

中国の「麴」は、クモノスカビ（ケカビの場合もあるのだが、文脈をわかりやすくするために以降クモノスカビに統一）を使い、日本の「糀」は、ニホンコウジカビを使う。同じ発酵カビとはいえ、この2つのカビには明確な違いがある。

まず、大陸のクモノスカビは米よりも麦や雑穀を好む。実際に麦の穂の表面にいっぱい棲息している。そして、熱を加えた穀物よりも生の穀物のほうが取り付きやすい。葉っぱ（胞子）はそこまで長く伸ばさず、根っこ（菌糸）を深く張り巡らせる。だから中国の「麴」は、日本の「糀」ほど表面がモコモコしておらず、深く根が張って乾燥したレンガのようなテクスチャーをしている。

対して島国のニホンコウジカビは田んぼに住んでいてお米が大好き。生よりも熱を加えたお米のほうが取り付きやすく、一般的なカビよりも乾いた環境を好む。葉っぱ（胞子）をモッサモサに長く伸ばし、根っこ（菌糸）の張りはまあまあ。米の表面に生えたモコモコが絡み合って、ペルシャ猫の毛のようなテクスチャーになる。このテクスチャーの違いは、カビの種類の違いによるものだ。

僕は素人でも「糀」をつくることができるワークショップを数年来開催している。素人がつくった「糀」は、表面はモコモコしていても中を割ってみると根っこ（菌糸）が米粒の中心まで食い込んでいなかったりする。おそらくそんなに技術が発達していなかった古代日本でも同じようなものだったのだろう。対して中国の「麴」は、数センチの深さがある麦の塊の中心までびっしりと根っこが張っている。この「栄養の吸い上げかたの違い」が、日本と中国のカビ発酵文化に決定的な味の違いをもたらした。

ここまで整理してみると、日中のデザインにおけるマーケティングの違いが見えてくる。

中国の「麦のお餅スタイル」は、クモノスカビの好みを反映させた結果生まれたデザインだ。彼らの好きな材料を使い、根っこ（菌糸）を強く張り巡らさせるために、深さのある地面（お餅は厚みがある）を用意する。そして空気のない状態でもへっちゃらなクモノスカビは、餅の地面深くもぐって成長を続けることができる。

対して日本の「米粒バラしスタイル」は、ニホンコウジカビの好みを反映させた結果生まれたデザインと言える。お米一粒一粒をバラすのは、胞子を長く伸ばすための「表面積」がたくさん必要だからだ。そのかわりに「お餅スタイル」における「深さ」を犠牲にする。しかし、成長するためにたくさんの酸素を呼吸するニホンコウジカビには、空気と触れる面が多い「バラしスタイル」が有効だった。

自分で手づくりしてみるとわかるのだが「バラしスタイル」は、表面積を最大まで確保するために、お米を一粒一粒バラさなければいけない。そのためには「炊き米」ではなく「蒸米」がいい。普段食べ慣れている「炊き米」は、やわらかくベトベトになりすぎて、米粒同士がくっついてしまう。対して「蒸米」は米粒の中はしっとりやわらかくなりつつ、表面はパサパサで米粒同士がくっつかない。このようにうまく蒸し上げると、触ったそばから米粒がパラパラとほぐれていく。日本式の「糀」、ニホンコウジカビに向いているのは「戸建て主義」だ。米粒同士がくっついた「集合住宅」では息苦しくて、のびのびと生きていくことができない。……って、これは微生物の話で、人間の話じゃないからね。

中国の麹をゲットした時に「なんでこんなに見た目のデザインが違うのか」と謎だったのだが、答えは非常に合理的だった。菌の性格に合わせてデザインを最適化したのであるよ。

デザイナーは、マーケットと対象顧客をよく観察してデザインをつくるが、それと同じことを古代の中国と日本の人々は微生物を相手に行った。先人の「自然を見る目」の卓越さ、半端なさすぎー！

そしてこの話はまだ続くんだよ（僕の性格は粘着だからね）。違う発酵カビを、違うデザインで発酵させた日中の「麹／糀文化」は、同時に味覚の違いも生み出すことになった。

クモノスカビの生み出す風味の特徴は「酸味」だ。クモノスカビは、穀物の成分からエネルギーを吸収する過程で、大量の酸をつくりだす。この酸は、他の雑菌を寄せ付けないようにするバリヤー[※9]だ。その結果、中国の麹は腐りにくく、比較的簡単に長期保存をすることができた。

この麹をスターターにして発酵させて醸すお酒が紹興酒。お酒になりたての風味は、めちゃ酸っぱくて苦い。紹興酒は若いものでも5年くらい熟成させるが、それは酸味と苦みをマイルドにするために必要な時間だ。長く熟成させるほど味はコクを増し、重厚になっていく。昔、中国人の同級生の友だちの成人祝いで、彼が生まれた時に醸造した20年ものの本格紹興酒を飲んだことがある。ビールがようやく飲めるようになった若造には強烈すぎる味だったなぁ……。

えーと。次に日本の糀の風味ね。風味の特徴はなんといっても「甘味」。日本の糀は甘い。これはニホンコウジカビの米から糖分をつくる力がクモノスカビよりも強いからだ。そのかわり、クモノスカビのように酸はあまりつくらない。したがって、他の雑菌の混入を許しやすい。つまり保存がそれほど利かず、発酵・保存する環境にも気を使う必要がある。

中国では野外にむき出しで麹を売っていたりするが、日本ではまず考えられない。他の雑菌にやられて味や香りがダメになってしまうからだ。

この「デリケートさ」が、日本独特の繊細な糀づくりの技術を生むことになった。外界から隔絶された「麹室」という密室をつくり、寒くて乾燥した、雑菌の少ない時期に細心の注意を払ってきっちり時間を測って糀を完成させる（一般的には44時間〜48時間）。

同じ酒で比べてみると、何年も熟成させる重厚で酸味あふれる紹興酒に対して、日本酒は仕込んで酒になったら長く寝かさずにフレッシュな状態で飲むのが基本。甘く、フルーティで、軽やか。上等の吟醸酒を飲むと、その繊細さにクラクラする[※10]。

味だけでなく、香りにも有意な差がある。上等な紹興酒や白酒には、パイナップルを思わせる「刺激的で甘酸っぱい、南国のフルーツの香り」があるが、上等な日本酒の香りは、メロンやバナナを思わせる「穏やかに甘い、たおやかな香り」。ちなみに中国では、ビジネスの場で白酒（中国焼酎）で乾杯する習わしがある。白酒には色んなグレードがあるのだが、最上級のグレードには「接待専用」と書いてあり、アルコール度数60度くらいある凶悪な酒だ。しかし飲みくちがフルーツのように香り高いので「乾杯！」と一気飲みを促されてもスイスイ飲んでしまう。そして気づいた時には膝からガックリ崩れ落ちることになるのだが、先に崩れ落ちたほうが勝者の条件を呑むというのが中国流のビジネス交渉術だ。僕自身も何度かこの「白酒コンペ[※11]」に臨んでヘロヘロになった覚えがある。

日本では中国のように何年・何十年と熟成させまくる発酵食品はまれで、だいたい１年、長くて3年以内に味わうものがほとんど（古酒と言っても20年寝かせることは稀だ）。そのかわり、フレッシュさ、素材の味の残る繊細さが際立つという特徴がある。中国に行くと、文化大革命が始まる前から熟成させたお茶とか酒とかがゴロゴロしている。歴史の感覚と同じように、中国は１００年スパンの長軸で物事を捉え、日本は目先何年のフレッシュなトレンドを追いかける。

思考や好みの個性の違いは、微生物の個性の違いにも反映されている。もっと言えば、微生物の個性の違いに影響されて、民族の個性が作り出される。

中国をはじめとする大陸的なアジアの文化は、発酵文化人類学的に定義するならば「クモノスカビ文化」。島国的な日本の文化は「コウジカビ文化」だ。菌の性質と社会の性質が相似形になっている。

章の冒頭で「発酵する、ゆえに我あり」と我々ホモ・ファーメンタムの定義をしたが、それを裏面から見てみると「発酵菌の影響によって、人間の性質が規定される」ということも言えてしまう。

発酵の文化は、古代ギリシャの絡み合う2匹のヘビのモチーフのように、人間と微生物が相互に絡まり合いながら紡がれてきたのだぜ。

神さまのカビ＝麹菌

これまで解説してきた、日本の「糀」のもととなるニホンコウジカビは、一般的には麹菌と呼ばれる。バラした蒸米に麹菌がついてモコモコしたものを「糀」と呼び、穀物に発酵カビがついてモコモコしたもの全般を「麹」と呼ぶ。これで麹一般の整理はおしまい。

では次。

日本の麹文化の起源は、日本酒にはじまる。人類をおびやかすモンスター、ヤマタノオロチの巨大な8つの頭のひとつひとつに巨大な酒樽から酒を飲ませ、ベロンベロンに酔っ払ったところで殺した、というのが前述の「古事記」に記された日本の歴史における発酵の初登場シーン。優しいイメージの発酵だけどファーストインプレッションはかなり暴力的(日本にかぎらず神話の起源はけっこう残酷だったりする)。

ヤマタノオロチを酔っ払わせた酒を「八《や》塩《し》折《おり》の酒」といい、当時の語義で解釈すると「8回重ねて仕込んだ酒」ということになる。一度できた酒をまた酒で仕込み……というプロセスを8回も繰り返すという冗談みたいに贅沢な酒だ。

古代では今ほど酒の醸造技術が進んでいなかったので、酒を酒で仕込むことによってアルコール濃度を高めようという発想だったのだろう。しかし本当に8回も重ねて仕込んだら、濃度が高くなりすぎて酵母が育たない（アルコール度数20度を超えるあたりで酵母が死ぬ）。これはたぶん神話特有の「うっかり大げさに盛ってしまう気質」によるものではないかしら。

この「酒で酒を仕込む」という醸造法は現代になって「貴醸酒」という、濃厚な甘味を持つ高級酒として復活していたりする。8回も仕込んでないけどね。

8回重ねて仕込んだ高級酒を8樽も仕込んだわけなので、普通の酒で考えると64樽ぶん醸したことになる。いちどに64樽ぶんの酒をつくれるということは、古事記時代の日本人はすでに「組織的に大量の酒を醸造できるインフラ」を持っていたということだ。

それはなぜか。酒が単なる嗜好品を超えた「聖なる液体」だったからだ。

キリスト教文明におけるワインのように、酒は宗教や神の概念と強く結びついている。アメリカ大陸やアジアの部族社会に赴いた文化人類学者たちも、先住民たちが祭りや儀式の場で酒を飲みトランスする様子を目撃した。

酒は神が人間に与えた神聖なものであり、日常の「ケ」から非日常の「ハレ」へと人を誘い、神の世界と交信することを可能にする触媒だった。

そういう意味では華金の夜の新橋ガード下はふだん冴えないサラリーマンのおじさんたちが神と交信する「神聖なる儀式の場」であり、一見職場の愚痴に聞こえる言葉も、よくよく聞いてみると、ムカつく上司を呪い殺す黒魔術の呪文であるのかもしれない。明け方ゴミ捨て場で倒れているOLのお姉さんも、実は「トランスする巫女」である可能性も否定できない。新橋のガード下、侮れない！

話を古代日本に戻そう。

現代でも伊勢神宮や出雲大社など主要な神社には「酒殿」と呼ばれる部屋がある。中世にいたるまで、酒は神社の一角でつくられるものだった。神にお米をお供えしたら、そのまま酒殿に持っていって麴菌をくっつけて酒にする。近代以降の酒造りは冬に行うが、神社での酒造りは6月によく行われていたらしい。梅雨の時期にあたるので、お米が湿ってカビるには最適な時期だったのだろうね。

ベルギーの僻地の修道院で、修道士が神に祈りを捧げながらクラフトビールを醸すがごとく、日本では律令制がしかれていた時代に造酒司《みきのつかさ》と呼ばれる役職があり技術者たちが日本酒を醸していた。『日本書紀』に記されている「天甜酒《あまのたむざけ》」が甘酒の起源とも言われている。甘酒は神社との関わりが深いようだ。

ここで仕込んだ酒を、ヤマタノオロチのもとに運び、日本に平和をもたらした。

さてここで当時の造酒司の立場になって想像してみる。

神の与えたもうた穀物である米に、目に見えない発酵カビ=麹菌を呼び込む。すると、米の表面に白い花のようなものが咲き、それを水に浸すと神の液体=酒になる。米を神の身体だとすると、酒は神の体液（エッセンス）。そしてそれを抽出する媒体となるのが、麹菌だ。麹菌は、神さまからのメッセンジャー、不思議でありがたいカビだった。

秋、稲の収穫が終わると、その米を使って酒を仕込む。できた酒は、人間が飲む前にまず神に捧げられる。正月、神社に酒が奉納されるのはこの起源の名残りだ。

神の身体を頂いた人間は、豊穣と平和の感謝としてエッセンスを神に還す[※12]。そして再び神が再生することを願った。正月に振る舞われる「お屠蘇《とそ》」の語源には「悪鬼（蘇）を屠《ほふ》り、魂を再生させる」という説がある。中国では邪気を祓い不老長寿になれる薬酒として、大晦日に井戸の中に漢方薬をつるし、元旦に引き上げて酒に浸したものを年少者から飲んでいたと言う。ヤマタノオロチを退治し、民族の魂を再生させるもの、それが日本における酒の起源、そして発酵の起源だ（週末新橋で酔いつぶれた酔っぱらいも月曜には魂を再生して出社してくるし）。

邪悪なものと神聖なものが入り交じるこの「発酵の起源」を考えていくと、日本の文化人類学者の山口昌男[※13]の言う「歴史の起源におけるカオス」が見えてくる。

古代日本において、神は秩序をもたらすと同時に厄災をもたらす2つの側面を兼ね備えていた。ヤマタノオロチを退治したスサノオも、手のつけられない暴れん坊の「荒ぶる神」だ。そう考えてみると、ヤマタノオロチを酔わせた酒も、同じような二面性を持っていることに気づく。酒は豊穣を神に感謝する「清い酒」であると同時に、飲む者の暴力性を解き放ち、普段おとなしい部下に上司をなじらせる「荒ぶる酒」でもある。ヤマタノオロチを酒で酔わせたのは、一方では「清い酒で鎮めた」ということであり、もう一方では「荒ぶる酒で打ち倒した」ということでもある。この2つは、歴史の起源において共存している。

なぜ起源において酒が神と結びついているのか。それは両者が「秩序と破壊の両方の顔」を持っているからだ。人は酒を飲む度に、理性が麻痺してカオスの縁を覗くことになる（特に下戸の人は秒速で覗ける）。それにもかかわらず、親族や組織、あるいは神事におけるフォーマルな場には酒が欠かせない。どう考えても矛盾しているのだが、その矛盾こそが「起源のカオスの力」を宿している証なのであるよ。カオスの縁にいる秩序と破壊の両方の顔を持った神は、

「『自然』＝混沌に対して、『田』という形で確認される『文化』＝秩序の間の仲介者[※14]」

だ。混沌とした自然を田んぼに整備し、そこから米を収穫し、秩序だったムラをつくる。
そして収穫した米を醸してつくる酒は、

『秩序』を確かめるために、『混沌』を喚起する役割[※14]」

を担っている。社会を生み出し、民を治めるには秩序が必要だ。しかしその秩序を存続させるには、定期的に複雑系のカオスを呼び込む必要がある。日常（ケ）が非日常（ハレ）に揺さぶられることによって、秩序の陳腐化を防ぐ。「もうアナタのこと、好きじゃなくなったかも……」と適度に揺さぶりをかけたほうがステディな恋愛が維持されるのと同じ原理だ（ホントかよ）。

日本の起源における発酵＝酒は、野性のカオスから超自然的な力を取り出し、人間の社会に埋め込むためのデザイン装置だ。その装置を駆動させるのが、目に見えない超自然的存在である発酵菌のはたらきだった。

……と考えていくと、発酵＝酒にも秩序と破壊の両方の顔がある。だって、発酵はつねに腐敗と隣合わせだからね。美味い酒も、放置しておくと酸っぱくなって悪臭を放つ。

荒ぶる菌に乗っ取られると、その食べ物は人間の健康を破壊する暴力となる。

腐敗への恐怖が発酵を生み出した。ものごとが発酵している限りは、秩序は維持される。しかし発酵がつくり出す快楽は、人を腐らせることもある。人類は秩序と破壊の際にあるエロスを恐れ、同時に激しく魅了され続けてきた。酒、そしてそれをつくり出す麴、ひいては発酵技術そのものが「日本民族のスピリチュアリティの起源」と密接に関わっている。神の概念を持ち、祭祀を行うようになった時、人類は類人猿からヒトになった。神を媒介として自然の恵みを加工し、自らの暮らしを変えるイノベーションを起こしてきた。と同時に、自らの力が暴走することへの不断の恐れを抱えて苦しみ続けることになった。

善悪両方の側面を抱えた人類の進化のかたわらには、つねに神のもたらしたメッセンジャー＝発酵菌がいた。

ホモ・ファーメンタム（発酵するヒト）誕生の瞬間である。

※1　酵素の働きについてはColumn 4で詳しく解説。

※2　エタノールというアルコールの一種をつくる酵母。イーストとも呼ばれる。

※3　酵母の発酵作用についてはＰＡＲＴ４で詳しく解説。

※4　ワインの発酵原理についてはＰＡＲＴ５で詳しく解説。

※5　日本神話に登場する、8つの頭を持つ大蛇の怪物。

※6　ユーロチウム菌綱に属するカビ。ラテン語の学名でアスペルギルス・オリゼと言う。日本を代表する「国菌」。

※7　クモノスカビ科に属するカビ。東アジアに広く見られる発酵カビ。

※8　ケカビ科のカビ。通常食物を腐らせるものが多いが、アルコール発酵などで役に立つものも。

※9　詳しくはColumn 2を参照。

※10　実際には様々な風味の日本酒があります。詳しくはPART5で。

※11　これは10年近く前の話。今でもこの文化はあるのかしら?

※12　この話の続きはPART6で詳しく取り上げます。

※13　日本の文化人類学者。記号論の知識を駆使した文化の分析を行う。トリックスターの理論で有名。

※14　山口昌男『文化の両義性』(p.5)の引用。

解説

このコーナーでは、各章で取り上げた解説の裏付けになっている書籍や論文を紹介します。

さも自分で調べたようにエラそうなこと書いているけど、実は先人の研究からたくさんの知恵を拝借しているのですね。ヒップホップで言うところの「サンプリング元」をネタばらししますので、ご興味のあるトピックスをさらに深掘りしてください。

ちなみに普通の学術書だと、章末に脚注や引用元の書名がまとめられている形式なんだけど、誰でもわかりやすいように僕自身の解説も含めて編集し直しておきます。

PART1のテーマは「ヒトと発酵の出会い」。

まず読んでほしいのは、僕を発酵の道へと導いてくれた小泉武夫のクラシックである『発酵(中公新書)』。専門的な記述も多いのですが「人類にとって発酵とは何か?」ということが様々な実例とともにまとめられた素晴らしい本です。ちなみに僕は10回以上読み直しています。発酵食文化から環境技術まで、発酵のアウトラインを知るのに最適です。

この章では麹と酒の起源の解説にページ数を割いています。詳細については法政大学の『ものと人間の文化史』シリーズの「麹」編をご一読ください。古事記や和歌などの古代の文献から麹を文化的に読み解き、かつ後半では生物学・有機化学的な視点から麹菌の生態を解説する体系的な本です。僕もいつかこんなホリスティックな解説ができるようになりたい。憧れ！

この本全体を貫くテーマとなる「神＝自然＝ヒト」の複雑な関係性については、山口昌男による文化人類学の大名著『文化と両義性』をお読みください。文明の黎明期における人間の思考、儀式や宗教の起源についての見方が深まります。

【参考文献】

『発酵』小泉武夫　中公新書
『麹』一島英治　法政大学出版局
『文化と両義性』山口昌男　岩波書店

アジアと日本の発酵文化のつながりの大枠が摑める
『味噌・醤油・酒の来た道』森浩一編　小学館ライブラリー

中国の製麹と酒質がわかる
『中国の酒書』中村喬編訳　平凡社
『日本・中国・東南アジアの伝統的酒類と麹』岡崎直人　日本醸造協会誌2009年12月号p.951－957掲載論文

日本酒における製麹とその歴史がわかる
『酒』吉田元　法政大学出版局

カビおよび真菌類の生態を深く知る
『菌類の生物学分類・系統・生態・環境・利用』柿嶌眞、徳増征二、日本菌学会　共立出版

人類学における神の起源を理解する
『千の顔を持つ英雄〈上〉〈下〉』ジョゼフ・キャンベル　早川書房

Column 2
発酵と腐敗を分かつもの

発酵するか腐るかは、長年のあいだ人類にとっての死活問題でした。ただでさえ潤沢でない食べ物が、腐ってダメになってしまえば飢えてしまう。あるいは。もしうっかり腐ったものを食べてしまうと、お腹を壊したり病気になったり、最悪死に至ることもある。ものを腐らせないことは、生き延びることと同義だったのです。

腐敗を防ぐ4つの知恵

ものを腐らせないために、冷蔵技術も防腐剤もない人類はどんな知恵を育んできたのか。

ざっくり分けると、

・発酵菌のバリヤー

・塩・砂糖漬け
・ｐＨ値（酸性・アルカリ性）のコントロール
・高濃度のアルコール

の４つ。これら全てに発酵技術が深く関わっています。
それでは一個ずつ解説していきましょう。

発酵菌のバリヤー

ＰＡＲＴ１のワインの話を思い出してください。数日で腐ってしまうブドウジュースのなかで酵母が一定数繁殖すると、酵母がつくる栄養成分や酵素（酵素についてはColumn４で解説）のちからによって、腐敗をもたらす微生物を締め出してしまいます。

塩・砂糖漬け

保存食の基本は、塩漬け。塩分濃度を10%くらいまで高めると、ほとんどの生物の細胞膜が浸透圧の急激な変化によって壊れてしまいます（ナメクジに塩をかけると溶ける原理といっしょ）。ナメクジも微生物も細胞の基本構造はいっしょなので、雑菌を防ぐのに塩が有効です。「あれ？　味噌も塩いっぱい入れるよね？」と気づいた人は、ご明察。味噌を発酵させる微生物たちは、例外的に「塩に強い発酵菌」なのです。日本は塩

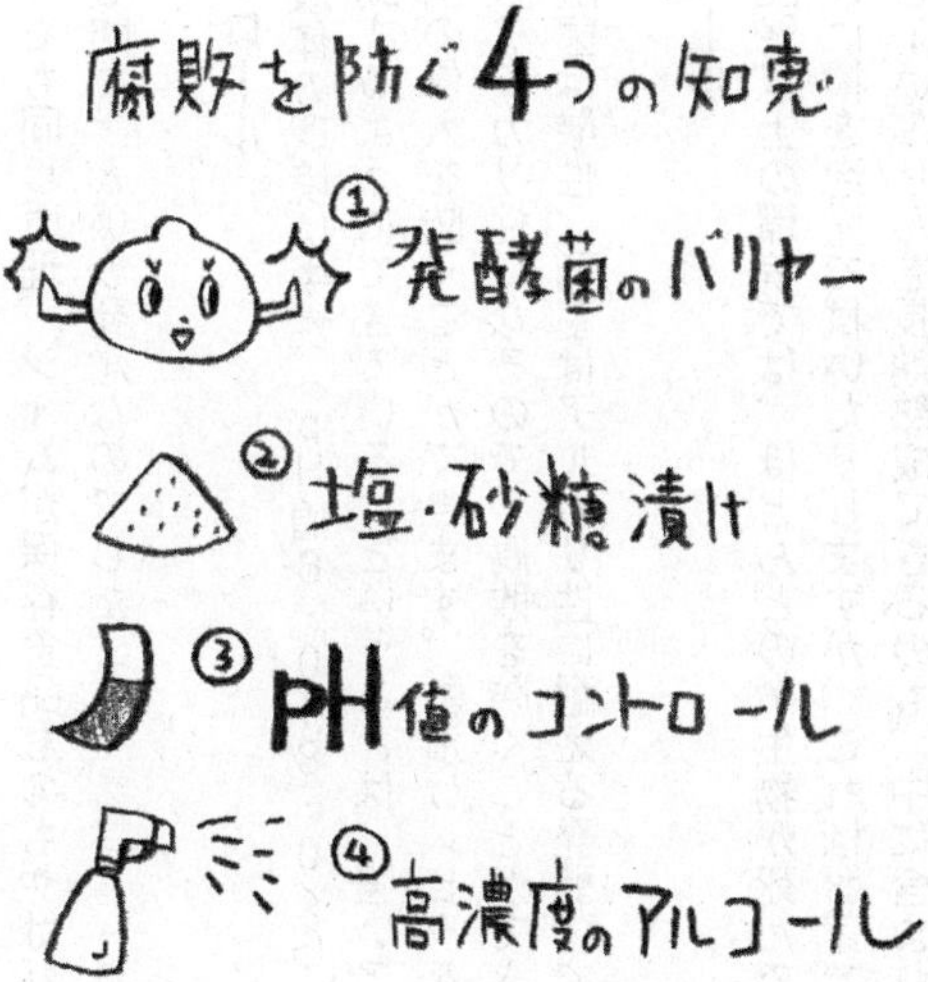
腐敗を防ぐ4つの知恵
①発酵菌のバリヤー
②塩・砂糖漬け
③PH値のコントロール
④高濃度のアルコール

に強い発酵菌が多く、同時に食べ物を腐らせるばい菌も多かったので、必然的に塩漬け文化が発達しました。

ちなみに砂糖漬けでも同じ原理。ジャムが保存食品なのもやはり「浸透圧の変化によってばい菌の侵入を防ぐ」という発想なのでした。

pH値のコントロール

通常、食べ物や液体の環境は中性（pH値6・0〜8・0くらい）。多くの微生物はこの中性環境で活動するようにできている。ということは、強いアルカリ性や酸性に環境を傾けると、雑菌の侵入を防ぐことができます。酢漬け（ピクルス）にすると強酸性、灰で燻製にすると強アルカリ性になるので、腐敗を防ぐことができます。ちなみにヨーグルトをつくる乳酸菌は酸性、麹菌はアルカリ性に耐える発酵菌です。

高濃度のアルコール

アルコール度数20％以上の環境では、ほとんどの微生物が死んでしまいます。沖縄では味噌を仕込むときに樽を泡盛で拭いたりしますが、これはお家でよくやるアルコール消毒と同じ原理。甘ーいみりんを長期熟成できるのも、中に含まれるアルコールのおかげです。

この4つは、発酵食品において複合的に働くこともしばしば。味噌はまず大豆を塩漬けにして、そこから塩に強い乳酸菌が繁殖、pH値が下がり、さらに麹菌や酵母菌なども加わって雑菌撃退バリヤーを作ります。

誰でも気軽に手前みそを仕込む文化がこんなにも広まっているのは、実は「テキトーにやっても失敗しない」という理由もあるのです。

「保存性」の原理の違い

発酵食品の「保存性＝腐らない」と、コンビニで売っている食品の「保存性」はちょっと原理が違います。前者の原理は、発酵菌を呼び込むと同時に腐敗の原因となる微生物を侵入させないこと。後者の原理は化学的な処置を施して一切の微生物が入らないようにし、成分の変質を遅らせること。つまり、時計の針を一時的に止めるということです。

前者の発酵食品は、腐らないけれど時計の針は進んでいるので風味が変わり続けていきます。

時を止めるのか、時を見方につけるのか。

同じ「保存性」でも基本的な概念はずいぶん違うのです。

PART 2

風土と菌のブリコラージュ

手前みそとDIYムーブメント

レヴィ＝ストロースの「器用仕事」

僕の最もリスペクトする文化人類学者、レヴィ＝ストロース[※1]の有名な概念に「ブリコラージュ（器用仕事）」と呼ばれるものがある。

フランスでは日常的に日曜大工とかDIYのことを「ブリコラージュ」と言う。「素人があれこれ工夫してモノを組み立てる」というニュアンスだ。レヴィ＝ストロースは世界中の神話を集めているうちに「なぜ世界各地でこんなにも多様で摩訶不思議なストーリーが生み出されるのだろう？」という疑問を持った。そして主著のひとつ『野生の思考』において、「神話は、一種の知的なブリコラージュである」と定義する。いわく、

「神話的思考の本性は、雑多な要素からなり、かつたくさんあるといってもやはり限度のある材料を用いて自分の考えを表現することである[※2]」

ありあわせの材料を用いてブリコラージュを行う「器用人」は、明快なコンセプトに

基づいて事前に用意された材料で無駄なくものをつくる「エンジニア」と対置される。

「器用人」の仕事ぶりについて、レヴィ＝ストロースはこんな風に述べている。

「いままでに集めてもっている道具と材料の全体をふりかえってみて、何があるかをすべて調べ上げ、もしくは調べなおさなければいけない。そのつぎには、とりわけ大切なことなのだが、道具材料と一種の対話を交わし、いま与えられている問題にたいしてこれらの資材が出しうる可能な解答をすべて並べ出してみる」

これはまるっきり発酵のことを指している。

「神話」を「発酵文化」に、「器用人」を「醸造家」に入れ替えるとブリコラージュの概念はまさに発酵を象徴するものであると言える。

僕も世界各地をまわってみて「なんでこんなに多様で摩訶不思議な発酵食品があるのだろう？」と疑問を持ったが、それはブリコラージュの達人である「無名の醸造家」たちが、その土地にあるもの一切合切を集めて、それと対話しながら美味しくて役に立つ発酵食品を作り出してきたからだ。

さらに補足するならば、醸造家は道具材料と同時に微生物とも対話を交わしている。

えっ、大げさだって？ そんなことないよ。だって、牛を育てている人は牛と対話するし、畑をやっている人は作物や天候と対話している。それとおんなじことなのだ。

微生物の声を聴く技術

風土記を紐解いてみると、近代以前の日本は今ほど豊かな食材があるわけではなかった。トマトもジャガイモも輸入されておらず、宗教上の理由で家畜の肉も食べられなかった。そこで山菜や海産物、野草や獣肉など狩猟採集で集めた食べ物と、主に田んぼで農作する米・大豆・麦を組み合わせて食卓を構成することになる。

なかでも栄養の中心になるのは「田んぼ」だ。かつての水田は、稲の肥料としてあぜ道に大豆が植えられ、寒い時期の裏作に麦がつくられていた。

これらの「雑多で、たくさんあるといっても限度のある材料」を最大限に活かす、つまり腐らせずに、栄養いっぱいで、かつ美味しくて飽きないようにするためには「発酵食品のブリコラージュ」が必要だった。

例えば納豆かけご飯を分解してみよう。ご飯＝米、納豆＝大豆、醤油＝大豆＆麦なので、見事に田んぼでとれるものだけで構成されている。ここに豆腐の味噌汁を加えると、豆腐＝大豆、味噌＝大豆&米または麦。納豆かけご飯と豆腐の味噌汁だけ食べていても最悪死なないし、単調だけど飽きてどうしようもない！　とまではならない（むしろ反復する快楽があるかも）。

この「田んぼ三兄弟」米＋大豆＋麦だけで食卓を構成できる秘訣は、もちろん発酵技術であるよ。微生物の力を借りることで、同じような食材から全く異なる風味をつくり出すことができる。それはまるで、そこらに落ちている石や土や廃材から家でも食器でもかまどでもつくり出す、レヴィ＝ストロース的「ブリコラージュ」さながら。

発酵食品における「ブリコラージュ」では、微生物の声を聞き分けることが重要だ。

大豆に納豆菌がつくと納豆になり、麹菌をつけると味噌になる。米に麹菌をつけると麹になり、麹を水に浸して酵母を呼び込むと酒になる。酒に酢酸菌をつけるとお酢になる。麦と大豆に麹菌をつけ、それを塩水に漬け込むと醤油になる。

発酵に関与する微生物＝発酵菌は、限られた材料から錬金術のようなミラクルを起こす。

発酵菌の力を操る「錬菌術師」たちは、微生物の声を聞き分けることができる。実例として、麹の話の続きをしようじゃないか。

味噌屋の麹、酒屋の麹

同じ麹といっても、味噌屋のつくる麹と酒屋のつくる麹は見た目も質も全然違う。味噌屋の麹はペルシャ猫のようにモコモコしていて、酒屋の麹は米粒に薄くパウダースノーが積もったような見た目をしている。菌は同じニホンコウジカビでも、菌の要求する環境を微妙にコントロールすることで「機能」をデザインしている。この時「発酵器用人」たる醸造家は何をやっているのだろうか。

前章でしたカビの生態の話を覚えているだろうか。カビには葉っぱ（胞子）と根っこ（菌糸）がある。そしてこの葉っぱと根っこの成長のバランスを変えると、生成される栄養分が変わってくる。ポイントは「温度」と「湿度」だ。

味噌屋の麹は、一般的に最大温度37〜38℃、湿度１００％前後で麹菌を生育させる。

これは麹菌が「胞子を伸ばしまくるぜー！　やっほー！」とのびのび育つ環境であり、したがって胞子がモコモコに伸びまくってペルシャ猫のようになる。このペルシャ猫状態の麹は、麹の二大風味の「甘味」と「旨味」のうち、旨味が強くなる。対して、酒屋の麹は、最大温度42〜43℃、湿度は１００％からスタートして徐々に湿気を飛ばし、最終的には40％ぐらいまで下げてフィニッシュする。乾いている状態だと、麹菌は気持ちよく外に胞子を伸ばしていくことができない。そこで「我慢モード」に入り、根っこ（菌糸）を米粒深く張り巡らせてなんとか生き延びようとする。パウダースノーのような見た目は、胞子がそんなに伸びていないからだ。この状態にさらに高温をかけあわせると、麹菌は旨味をあまりつくらず、大量の甘味をつくるようになる。

　ざっくりまとめると、味噌屋は麹菌を甘やかして育て、酒屋は厳しくしつけて育てる。

　美味しい味噌は、旨味を主体に、適度な甘味がある。このバランスには胞子がよく伸びた「ペルシャ猫タイプ」がいい。反対に、美味しい酒（特に高級酒）は、なるべく甘味を強く取り出したい。そこで菌糸を内側に食い込ませる「パウダースノータイプ」にする。味噌で必要な旨味は、醸造過程で雑味に変わってしまうことがあるからだ。

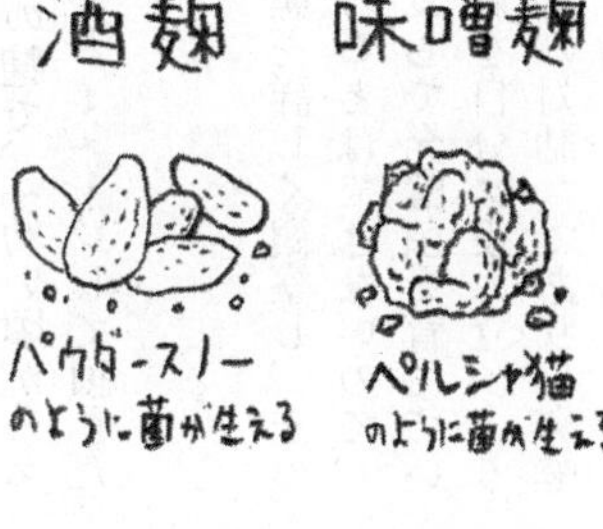

「のびのび育って愛嬌いっぱいのクラスのアイドル」が味噌屋の麹で、「幼い頃からスターになるべく厳しく訓練されたスーパーモデル」が酒屋の麹、とイメージして頂きたい。

このように発酵器用人＝醸造家は、食材とともに微生物の生態を詳しく観察し、その性質にあわせた操作方法を工夫する。発酵菌の性質自体を変えることはできないので、彼らの声に耳を傾けながら、しかし自分にも得のあるようなかたちで発酵菌を育てていく。自然界からすでに存在している素材をピックアップし、それを自分に役に立つようなかたちに変えていく。これがブリコラージュにおける「自然との対話」であり、発酵における「微生物との対話」である。醸造家にとって微生物とは「目に見えないミクロの自然」であり、限られた食材から無限の美味しさをつくりだしてくれる偉大なインスピレーションであり続けているのだぜ。

発酵ブリコラージュのシンボル、手前みそ！

ブリコラージュする「器用人（ブリコルール）」は、「専門家（エンジニア）」に対置される。最初に神話を生み出し、祭りに使う道具をつくり、祭りで振る舞われる料理のレシピを開発したのは「無名の器用人」、つまり好奇心いっぱいの素人だった。

もちろん発酵もいっしょ。酒を発明した○○シェフ、醬油の特許をとった××博士は存在しない。現代の食卓に並ぶ発酵食品の多くは、無名の食いしん坊、無名のお母さんたちが何百年、何千年という時間をかけて受け継いできた「究極のオープンソース」なのであるよ。現代においてはお酒も醬油もプロがつくった既製品をスーパーで買うが、100年前は手づくりするのが当たり前だった。戦後、様々な法律や規格がつくられ、発酵食品は「手づくりするもの」から「買うもの」になっていった。

レヴィ＝ストロースの言葉を借りるなら「器用人」から「専門家」のものになった。この時、発酵文化は「DIY」から「グルメ」の対象になったのだな。

しかし。21世紀に入って、ふたたび発酵文化を「DIY」に回帰させるためのムーブメントが起き始めている。そのシンボルこそ、味噌を家庭で手づくりする「手前みそ」の文化だ。

「何をヒラクくんはエラそうに。その根拠は？」

ふふふ。ちゃんと僕には経験則があるのだ。

僕はかれこれ8年ほど前から、山梨の老舗味噌屋さん、五味醬油（PART6で詳しく紹介する）と「手前みそワークショップ」を始めたのだが、当時と今では状況がまるっきり変わったのだよ。

最初は「味噌を手づくりする」と言っても、給食センターのおばちゃんぐらいしか興味を持ってもらえなかった。しかし２０１１年の東日本大震災をきっかけに大きな変化が起きたんだね。子どもの健康に関心のある若いお母さん、オーガニック食に興味のある都会の人がワークショップに来るようになり、だんだんと「手前みそ」の裾野が広がっていった。

２０１２年には、五味醤油といっしょに自主制作したアニメ「手前みそのうた」がきっかけで、山梨県北杜市の保育園と小学校でユニークすぎる食育プログラムが始まった。音楽の時間にみんなで歌って踊り、家庭科の時間に実際に味噌をつくるという、まさかの「歌って踊る手前みそ」のプログラムが誕生してしまった。

この授業が北杜市でスマッシュヒットし、子どもたちが「みそみそ〜♪」と無限リピートで口ずさみ、困惑した親から市役所に「いったい何事だ？」と電話で問い合わせがくるほどに広まった。この熱はやがて全国に広まり、いつの間にかあちこちの地域の学校やコミュニティで手前みそづくりが当たり前のように行われるようになっていった（多分僕たちのつくったアニメもまあまあ役に立ったと思う。手前みそですが）。

地方の小さなコミュニティで生まれた熱が、今度は都会に流れ込んでいく。都心のアートギャラリーやＩＴ企業のイベントスペースで「手前みそのワークショップやりたいんですけど……」という問い合わせが僕のもとに来るようになり、「ホントかよ？」と思いながら開催してみると満員御礼、クリエイターやセンスの良いビジネスマンがノリノリで手前みそを楽しんでいるではないか！　この瞬間、

「もしかして、新しいムーブメント始まってるかも……！」

という感触があったね。レヴィ＝ストロースの「ブリコラージュ＝DIY精神」がイケてる若者たちの手の中で蘇った。それから現在に至るまで、手前みそのワークショップは都会でやっても地方でやってもいつも満員御礼。老若男女問わず好評で、親子で楽しむイベントの定番になった。ずっと衰退の一途を辿っていた「手前みそ」がなぜ再び盛り上がっているのかを考察してみようではないか。

手前みそがイケてる理由

まず技術的な観点から。味噌の手づくりとは、具体的に何をするのかというとだな。

煮大豆を麹と塩と混ぜて、樽のなかでほったらかす

基本的にはこれだけ。つまり簡単なのであるよ。「自分で味噌をつくる？　難しそう……」と不安な人も、いざ自分でやってみると「おお！　めちゃ簡単！」となる。簡単ということは気軽に繰り返せるということでもある。手前みそを一度経験した人のうち、少なからぬ割合が「毎シーズン手前みそを仕込む」という習慣を身につけ、やがて自分でつくった大豆や麹で味噌を仕込むハードコアな手前みそニストが続出することになる。

そして。失敗しにくいという利点もある。Column 2を参照してほしいのだが、味噌を仕込む時に原料の10％強の塩を入れる。これが味噌を腐らせる雑菌の侵入を防ぐバリヤーになる。そして固形状なので同じく腐敗の原因になる空気（酸素）の影響を受けにくい。発酵菌のみが気持ちよく働ける環境が整っているわけだ。

さらに。簡単なくせに味の個性が出やすいというのも魅力のひとつ。味噌は「仕込みはシンプル、発酵過程は複雑」という二面性がある。熟成させる環境と時間によって、同じ場所で同じ材料で仕込んでも味が変わってくる。そこで出てくるのが「手前みそ品評会」という盆栽コミュニティもビックリのイベントだ。同じ日・場所で味噌を仕込んだ人たちが、半年後や1年後に集まってお互いの味噌を食べ比べ「ほほ〜、独特の辛みが絶妙ですなあ」とか「ややや、濃厚な旨味と甘味がクセになりそうですじゃ」とお互

いの味噌を愛でて褒め合う会が、今日もどこかで開かれているのであるよ。

さらにさらに。地域によってレシピの個性が出るのも面白い。味噌は原料のバランスによっても仕上がりが大きく変わる。九州の手前みそは麹の分量が多く、東北の手前みそは大豆の分量が多い。東海の手前みそは大豆しか使わずに味噌を仕込む。関西では１か月程度で熟成させる白味噌のレシピ、僕の住む山梨では麦の麹と米の麹を複数混ぜて仕込む合わせ味噌のレシピが標準になっていたりする。

味噌には「スタンダード」はない。あるのはその土地、その家庭のローカル・スタンダードの集積であり、その地域性・多様性こそが味噌の文化の真髄なんだよね。

では次に、社会的な観点から手前みそが盛り上がっている理由を考察していこうじゃないか。

簡単で失敗しなくて味の個性が出る……ということは「DIY入門」に最適。自分で農業をやって食材をつくるのは結構なハードルだが、手前みそという「調味料の手づくり」は都会のビジネスマンでも気軽にトライできる。現代人的メンタリティの下に眠っている「器用人」のスピリットを目覚めさせるきっかけに手前みそは実によくフィットしているのだよ。人によって味が違い、地域によってレシピが違う……ということは各地域のコミュニティで楽しむのにもピッタリ。手前みそのワークショップが地方から広まっていった理由がこれだ。各地で開催されているイベントに遊びに行くとよくわかるのだが、手前みそワークショップは「その土地の郷土食の文化を再確認する場」でもある。その土地や農業の特性を知り、味噌のレシピの違いを発見し、ずっと受け継がれてきた郷土食の多様性を紐解く「ウチのスローフード」をみんなで再発見する場として機能する。しかもそれが「勉強会」という堅苦しい形式ではなく、親子いっしょに手を動かして楽しみながら学べる。

まだある。手前みそワークショップは、コミュニティに持続性をもたらす。これも何年もしつこく続けた経験から気づいたことだ。手前みそワークショップは「1回で終わり」ではなく、「定期開催」になりやすい。

「1年経ったし、品評会兼ねてまた仕込みしようか」
「今度は地元の農家さんの大豆使ってやろうよ」
「ていうか1年経つ前に味噌ぜんぶ使い切っちゃったよ。来月また集まって仕込む？」

という展開になり、頻度と量が増えていく。するとコミュニティの他のメンバーが「あの人たちやたら味噌つくってない？」とソワソワし始め、やがて手前みそ界に新規参入する……というスパイラルが止まらず、やがて役場のエラい人が、

「手前みそを推進して、大豆の自給率を上げようではないか！」

と言い出し、そのうち広報担当の山田さん（30代女性）が、

「歌って踊って手前みそがわかるアニメがあるらしいですよ」

と上司にリークし、

「それ使ってイベントやるぞ！」

という流れで手前みそムーブメントが起こっているのではないか（妄想）。この本を読んでいる皆さまのコミュニティでもぜひ「歌って踊る手前みそワークショップ」を開催してほしいので「手前みそのうた」の歌詞を引用するぜ。

♪

ナベに大豆を　いれまして
水をヒタヒタ　火にかけます
圧力ナベで　20分
ふつうのナベなら　3〜4時間

みそ　みそ　みそ　手前みそ
うちで作ろう　うちの味
おみそ　みそ　みそ　手前みそ

うちの数だけ　みその味

ボウルにこうじを　入れまして
上から塩を　ふりかけます
素手で何度も　混ぜたなら
こうじのとても　良いかおり

大豆が煮えたら　あけまして
いっしょうけんめい　つぶします
塩とこうじも　混ぜまして
丸めて団子を　つくります

団子をタルに　投げ入れて
素手で平らに　ならします
塩をまぶして　フタをして
夏を越えたら　できあがり

みそ　みそ　みそ　手前みそ

「手前みそのうた」 作詞・作曲：森ゆに　アニメ：小倉ヒラク

うちで作ろう　うちの味
おみそ　みそ　みそ　手前みそ
うちの数だけ　みその味
♪

プロセスの楽しみを取り戻そう

手前みその話で説明したとおり、発酵は「究極のオープンソース」だ。無名のお母さんや醸造家たちが何百年も積み上げてきたものが受け継がれ、各家庭でそれぞれのやり方で自由に楽しまれている。その多様性とハードルの低さが分厚い「文化の層」をかたちづくっている。

上手も下手も、素人もプロも、赤味噌も白味噌も、米味噌も麦味噌も、ぜんぶ正解。「うちの数だけみその味」。その人なりに楽しめて、そして極めようと思えばとことん奥が深い。

みんなで情報交換して、新しいやり方を発明したらコミュニティのみんなで共有する。できた味噌はみんなでシェアする。交換する。ティスティングする。

たくさんの人たちとワークショップをやり、参加者のみんなのキラキラした笑顔を見るにつれて「いったいこの楽しさの理由はなんなのだろうか？」と考えてしまう。きっと、発酵食品を手づくりする体験のなかには「プロセスの楽しみ」が溢れているのだろう。それをもうちょっと掘り下げてみるに「目新しいこと＝サムシング・ニュー」に疲れた人たちが「特別なこと＝サムシング・スペシャル」で元気になる、ということなのだと思う。

発酵の楽しみの本質は「プロセス」にある。何百年も前から続いている手前みそをやることには「目新しさ」はない。しかし「特別感」がある。大豆や麹をさわって味噌を仕込み、それが熟成していく過程を見守るプロセスにはその人だけが感じる「プロセスに関与する満足感」がある。同じ場所で同じ材料で手前みそを仕込んだとしても、プロセスの中で感じることはそれぞれの人で違う。そして環境によって発酵菌たちの働きが変わっていき、出来上がりにも個性が生まれていく。

過程に関わることが楽しい。自分の個性を反映した美味しい味噌ができる。絶対的な正解はなく、コミュニティの誰もが満足できる。

自分らしさの価値、自分だけのサムシング・スペシャルをごく自然に感じることができる。

これが手前みそ、そして発酵食の手づくりの魅力の正体、みんなのキラキラ笑顔の理由だ。

さらに。この喜びは、情報過多の現代における「サムシング・ニュー主義」へのカウンターでもある。世界中の情報がオープンに手に入るこの時代特有の苦しみは、「自分が自分である特別さ」を感じることの困難さだ。SNSのタイムラインや、各種メディアで目立つ「最先端の成功者」と自分をついつい比べてしまう。

あるいは。

グーグルで検索してみれば、自分だけのアイデアだと思っていることが、地球の裏側の誰かがすでに考えついていたことだとわかってしまう。そんな状況のなかで、社会で認められるために「サムシング・ニュー」を追い求めなければいけない。自分らしさを証明しなければいけない。ごく一部の有能でラッキーな人を除けば、この「サムシング・ニュー主義」は現代における強迫観念の一種といえる。これは「結果」ばかりが切り取られて目についてしまう弊害だ。結果を出さなければ、自分らしさが認められない。仕事でも人間関係でも「結果」を追い求めすぎると、息苦しい。

だからもう一度、自分のカラダやアタマを使って「プロセスを味わう楽しみ」に戻ってみよう。結果の手前のプロセスにフォーカスする。大豆と麹を混ぜれば、自然と発酵が始まっていく。あとは目に見えない自然の力にゆだね、醸されていく過程を楽しむ。

その過程を楽しめば楽しむほど、結果として生まれた味噌が美味しく、スペシャルに感じられる。そしてその「自分だけの手前みそ」を、家族や仲間たちと一緒にシェアすることができる。人と競争するのではなく、分かち合うことで「自分が自分であること」を確認する。

　その瞬間、その場所で自分が感じている幸せは誰とも比較されない、比較しようがないサムシング・スペシャルなのであるよ。手前みそを仕込むこと、自分の手で美味しいものをつくりだすことは、サムシング・ニューからサムシング・スペシャルへの飛躍だ。

インターネットと発酵の文化的共通点

　文化には両義性がある。
ネットワークの発達は弊害ももたらすが、もちろんいいこともある。僕自身もデザイナーという「情報設計の専門家」であるし、インターネット黎明期のギークなコミュニティで人格を形成してきた。つまりオタクなのであるよ。

僕がインターネットを好きな理由は、その根本にラディカルな「オープンソース志向」があることだ。インターネット事典のウィキペディア、ネットワーク管理者の標準OSとなっているリナックス、ネット上にアップロードされた設計図をシェアして3DプリンターでプロダクトをつくるFABムーブメント。これらはみんな手前みそ文化とそっくりの仕組みで発展してきたものだ。誰もがプロアマの立場を超えて、自分の得意なことをシェアしていく。その集合知によってノウハウが洗練され、誰にも使いやすく、役立つものになっていく。

「発酵はオープンソースだ！」と僕が言い張るのは、インターネット文化の誕生とともに育ってきた世代だからなのだ。オープンであること、シェアすること、立場を超えてリスペクトし合うこと。発酵とインターネットの根本のコンセプトには不思議な共通点がある。

だからね。僕のアニメーションやキャラクター、ワークショップのメソッドも当然オープンソースとして公開されている。これは情報技術のエキスパート、ドミニク・チェンさんを介して知った「クリエイティブ・コモンズ」[※3]の考えかたに影響されたものだ。地域の食育プログラムで自由にアニメを流していいし、インターネットで公開しているレシピやワークショップのメソッドもぜんぶオープン。楽曲や動画をリミックスしても全然ＯＫ。実際に「手前みそのうた」のテクノリミックスをつくった人もいれば、ダンスをアレンジした動画をユーチューブにアップした人もいる。地域の麹屋さんや味噌屋さんが店頭でＰＲソングとして流したっていい。

発酵文化は過去から未来へのバトンリレーだ。

僕はたまたま縁があって、地域のお母さんや醸造家たちからバトンを受け取った。このバトンは自分で独り占めするのではなく、次の人に渡す。しかも発酵のバトンは、微生物のようにどんどん増やすことができる。だから僕は自分のデザイナーとしての技術を使って、なるべくたくさんの人にバトンを渡す。伝統から未来への「結節点」として機能すること。古くて懐かしい「伝統文化」が、時代に即した新しい魅力を持つ「カルチャー」としてキラキラ輝くこと。そして何よりこのバトンリレーを絶やさず続けていくこと。

オープンであること、それは文化をよりよく持続させていくことなのだ。

特許や業界の規格によって技術を向上させたり、産業をつくることも大事だ。しかし同時に技術や知識をオープンにすること、つくる人を増やすことも大事。産業をつくることと文化をつくることは飛行機の両翼のようなものだ。

「囲い込むこと」が極端になりすぎると、プロが大量生産するものを、素人がお店で買うという関係性しかなくなる。最初のうちは、以前よりもたくさんのお金が生まれて新しい市場が生まれ、消費者は便利になり、メーカーも利益を出せる好循環が生まれる。

しかしだよ。それが行き過ぎると今度は悪循環にはまってしまう。

買うだけで、自分でつくらなくなった消費者は「味噌とはそもそも何なのか」を忘れてしまう。すると「よくわからないものだったらなるべく安いヤツにしよう」ということになり、メーカーもそのニーズに答えて、原料や製法を妥協した安価な商品を大量供給してしまう。やがて「メーカーは不当に儲けようとしている」「消費者は味の違いなんてわからない」というすれ違いが生まれてしまう。そのすれ違いを放っておくと、いつしか文化そのものが消滅してしまうかもしれない。それはとても残念なことだ。

だからもう一度「オープン」そして「ＤＩＹ」の方向への流れをつくる必要がある。自分でつくれば、お味噌の成り立ちや美味しさの意味がわかる。同時にプロのスゴさもわかる。だからお店で味噌を買うときは、プロをリスペクトしてお金をちゃんと出す。味噌が好きになって毎日味噌汁を飲む習慣が生まれれば、とうぜん消費量が増えて市場のパイが大きくなる。手前みそとプロの味噌は共存することができる。というよりも、つくる人こそが本当の意味でプロを支える人になる。
文化は、プロとアマが一緒になって育てていくものだ。つくる人がいくら技術を磨いても、その技術を評価できる力が受け取る人にないとやる気も価値も生まれない。

この社会に生きる僕たちがひとりひとりの「スペシャルな喜び」を、自分自身の手で仕込む。手前みそを育てることは、文化を育てることなのだ。

みんなでレッツ手前みそ！

※1　フランスの文化人類学者。言語学や数学などの方法論を駆使して世界中の民族の神話や親族体系を分析した。

※2　レヴィ＝ストロース『野生の思考』（p.24）からの引用文。

※3　作品の著作権を保持したまま、自由な創作やリミックスを一般に開放することで生まれる、オープンな創作環境のこと。章末で本を紹介します。

解説

PART2のテーマは「手前みそとDIYムーブメント」。

味噌の原理についてはPART1のColumn1『発酵ってそもそも何ぞや？』で紹介されています。手前みその文化については岩城こよみの『味噌の民俗　ウチミソの力』が素晴らしい。日本中の様々な味噌づくりの現場を網羅した大作です。偉大すぎる業績！

章のメイントピックスとなる「ブリコラージュ」の概念は、レヴィ＝ストロースによる文化人類学の超クラシック『野生の思考』で詳しく知ることができます。ちょっと高い本なんだけど、頑張って買って損はないぜ！

手前みそのレシピや文化に手軽に入門するには、手前みそですが僕の初めての著作『てまえみそのうた』がオススメ。子どもと一緒に歌って踊って手前みそが仕込めます。DVDにアニメーションや踊りのレクチャーも付いていますので、楽しく手前みそが実践できますよ。

章後半に出てくる、オープンソースの考えやインターネット的な文化のつくりかたについては、友人の情報学者ドミニク・チェンの『フリーカルチャーをつくるためのガイドブック　クリエイティブ・コモンズによる創造の循環』にインスピレーションを受けています。

DIYムーブメントと発酵の関係性については、雑誌『spectator』の『発酵のひみつ』特集号で様々な醸造家や研究家のインタビューによって掘り下げられています。僕も冒頭で特集全体のガイドを務めています。

インターネット時代の知識や技術の共有のマナーは、発酵文化に通ずるところがいっぱいあります。伝統のようでいて最先端、新世代の発酵ムーブメントが始まりつつあります。

【参考文献】

『味噌の民俗 ウチミソの力』岩城こよみ 大河書房
『野生の思考』クロード・レヴィ＝ストロース みすず書房
『てまえみそのうた』小倉ヒラク＆コージーズ 農文協
『spectator〈35号〉発酵のひみつ』エディトリアル・デパートメント
『フリーカルチャーをつくるためのガイドブック クリエイティブ・コモンズによる創造の循環』ドミニク・チェン フィルムアート社

味噌にまつわるウンチクを極める
『味噌大学』三角寛 現代書館

発酵食品の醸造法のアウトラインを知る
『図解でよくわかる発酵のきほん 発酵のしくみと微生物の種類から、食品・製薬・環境テクノロジーまで』舘博監修 誠文堂新光社

レヴィ＝ストロースの世界に入門する
『レヴィ＝ストロース入門』小田亮 筑摩書房

Column 3

発酵文化の見取り図

世界のどんな場所に行っても、食卓には必ず発酵食品があり、微生物のちからを活かした文化が根付いています。世界中で食べられるようになったスタンダード発酵から、ある地域でだけ熱狂的に愛されるローカル発酵まで、あまりにも多様性がありすぎる発酵の世界。

なんとなーくその全体像がわかるように、僕なりに見取り図をつくってみました。

西と東の2つの起源

最近、ヨーロッパやアメリカの人達に日本の発酵食品のことを説明する機会が増えてきました。で、実際に味噌や酒のことを説明すると「ハテナ?」となることが多い。この理由を考えてみると、西と東で発酵文化のルーツが違うということに思い至ります。

発酵文化の東西ルール
ワイン
チーズ
ウォッカ
茶
漬物
パン
ビール
ヨーグルト
酒
味噌
醤油
西
東
東アジアはカビによる
旨味発酵!!

あえて乱暴に整理してみるならば、中国を中心とする東アジアエリアと、かつてのメソポタミアやローマ帝国一帯から西のエリアでは発酵における文脈が違います。

西の発酵は、パンやビール、ウィスキーなどの麦の発酵、ワインやシードルなどの果実酒、チーズやヨーグルトなどの乳の加工品が広く普及しています。比較的乾燥した気候が基本なので、雑菌を防ぐ大量の塩の添加などはあまりなく、特殊な製法のチーズをのぞくと、関与する菌の種類も比較的少ないこともあって、極端な塩味や酸味、香りなどはありません。メジャーな原料をシンプルに醸す文化と表現できそうです（実際現地で探すと不思議な発酵食品もあるんだけどね）。

対して東の発酵。日本酒や紹興酒などカビを使った穀物酒、豆や麦を醸した調味料、ココナッツの果汁を酢酸菌の一種でゼリー状にしたナタデココなど、様々な原料と菌を組み合わせて発酵させます。特筆すべきはやはりカビ。和食や韓国料理はもちろん、ベトナム料理やインドネシア料理にも共通する「旨味」をつくり出す発酵カビは東アジアならではの文化。高温多湿の環境ゆえに、塩による雑菌の防止テクニックがよく使われ、かつ直接発酵に関与しない雑菌のような微生物も働くので、しょっぱい、酸っぱい、臭い！　というハードコア発酵の宝庫でもあります。良くも悪くも地域性と多様性が反映される文化と表現できそうです。

スタンダード発酵とローカル発酵

エリアによる傾向とは別に、嗜好による傾向があります。

これを僕は勝手に「スタンダード発酵とローカル発酵」という分類にまとめています。

前者の典型は、パンやヨーグルト、ビールなど「どの文化圏の人でも大好き！」というもの。後者の典型はＰＡＲＴ３で取り上げるすんきやくさやなど「好きな人は熱狂的に好き！」というもの。シンプルな発酵である西の発酵食が、近代化とともにアジア圏の食卓に広く普及しましたが、ヨーロッパやアメリカに行っても中華や和食のレストランを見かけるように、東の複雑な旨味発酵食品も近年は西の文化圏に受け入れられています。

一方、フランスやイタリアのブルーチーズ

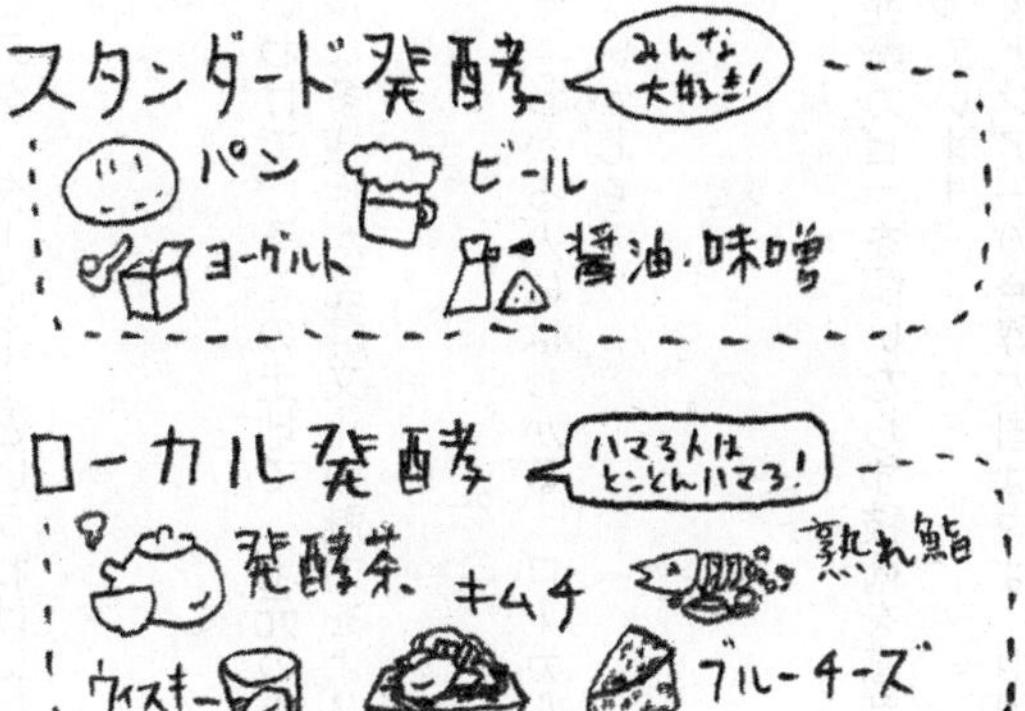

やウォッシュチーズなど、強烈な風味のチーズは本国でも日本でもマニア向け。日本の熟《な》れ鮨や中国の臭豆腐などもやっぱり万人が食べるスタンダード……というわけにはいきません。

そもそも。

別に全ての発酵食品が万人向けになる必要もないわけで。そこの土地で、地元のツウなやり方で食べてこそ美味しい！というローカルな多様性が発酵文化の魅力をより豊かにしていると思うんですよね。

世界各地の人々が気軽に海外旅行に出る時代こそ「わかる人にはわかる」ローカル発酵の価値がローカルなままで再発見されるのではないかしら。

日本は「発酵カビ文化圏」

日本のルーツはもちろん東の発酵。なかでも「発酵カビ」を飼いならす技術を高度に洗練させた文化と言って良いんじゃないかなと思っています。

発酵のバリエーションの広さという意味では、東アジア一の発酵大国はやはり中国！と思いますが、発酵カビ、麹の技術の洗練と普及において日本は他の国とは一味ちがう個性があるんじゃないかしら。

海外の人に「日本の発酵文化の特徴は？」と聞かれたら「発酵カビと仲良し」と答えておいて間違いないと思います。

PART 3

制限から生まれる多様性

マイナスをプラスに醸すデザイン術

発酵にみる文化の多様性

レヴィ=ストロースが「ブリコラージュ」の概念を考えたきっかけは「なぜ世界中にこんなにも多様な神話=文化の型が生まれるのか？」という疑問だった。その謎を解くカギは、神話が生まれる場所の「地域性」だ。熱帯なのか雪国なのか、海なのか山なのか、湿っているのか乾いているのか。風土の違いによって、そこに生きる動物や植物が変わり、当然地形と植生が織りなす景色に多様性が生まれてくる。

イヌイットの創生神話「セドナ」[※1]では、父親によって海に沈められた娘が海底で愛犬とともに神になり、父親が切り落とした彼女の指がアザラシになる。PART1で取り上げた日本の創生神話「古事記」では、暴れん坊のスサノオノミコトがカビでつくった酒で大蛇を酔わせて殺し、蛇の身体から出てきた剣で国の礎を築く。この2つを比較しただけで秒速でわかるように、神話を読むとその土地の気候や生態系が色濃く反映されていることに気づく。出雲にアザラシいないし、カナダの氷河にニホンコウジカビいない！

ブリコラージュの思考は、野生の自然に存在する具体的な材料を使って人間界の秩序を表現する。それを裏返して言えば、人間界の秩序は、自然界に存在するものの特性によって規定されることになる。つまり「その土地の風土の数だけ文化があるよね」ということで、これはもはや「うちの数だけみその味」と全く一緒の理屈なのであるよ。

発酵デザイナーとして各地を訪ね歩いているうちに「発酵食品を食べるとその土地のことがわかる」ということに気づくようになった。いくつか興味深い例を紹介してみよう。

木曾の病みつきになる無塩乳酸発酵、すんきの旨味

長野県木曾町に「すんき」という不思議な漬物の文化がある。何が不思議かというと、世界的に見てもレアな「塩をまったく使わない漬物」なのだな。味噌で説明した通り、高温多湿で雑菌の多い一般的な日本の気候において、塩は腐敗を防ぐ最強ツールだった（家の四隅に盛り塩したり、相撲の取組前に塩を撒いたりするのは邪気を払うためだが、発酵的に見てもその視点は間違っていない）。しかし、すんきはなぜかその便利な塩を使わない。

その謎を解き明かすには、その土地の歴史と技術を紐解く必要がある。

まず歴史から行こう。すんきの起源は３００年以上前にさかのぼる。たいがいの郷土

食と同じく、正式な発祥の記録はない。どこかの工夫好きなお母さんがたまたま発見したものを、長い時間をかけてアップデートしていったのだろう。

あるいは。すんきを生んだのは「木曾町の風土そのもの」と言うこともできる。人間が神話を生んだのではなく、その土地の自然が人間に神話をつくらせた、という文化人類学的発想だ。

深い山々に囲まれた木曾町はかつて江戸と京都を結ぶ「山の要所」だった。ということは当然様々なプロダクトが行き交う交易の拠点だったということ。食文化も豊かだし、江戸時代からの立派なお屋敷や街路も残っている。つまり山奥ながらリッチな土地なわけだが、唯一リッチでなかったものがある。それが「塩」だ。

日本の製塩技術のほとんどは、海水を乾かす「海塩」だ。中央アジアやヨーロッパのように山からゲットする「岩塩」の文化は発達しなかった。岩塩は、地殻変動で地上に持ち上げられた海水が乾燥して結晶化したものなのだが、島国かつ多湿な日本には乾燥した風土も塩湖も存在しない。だから海水を人力で結晶化させる「海塩」が基本になるので、海のない山国では塩が貴重品になる。

となるとさ、当然「いかに塩を使わずに保存食をつくるか」って発想になるじゃん。そこからよそでは絶対真似できないユニークすぎる発酵食品が生まれる。それがつまりすんきのことなのさ。

　では次に技術から読み解いていこう。すんきは一言でいえば「赤カブの葉っぱを乳酸発酵させた漬物」だ。どのように仕込むのかというとだな。11月下旬～12月にかけての「極寒まではいかない冷涼な時期」に、赤カブの葉っぱを60℃弱のお湯にさっとくぐらせたものを樽に仕込み、20℃～30℃くらいの暖かい室温で数日～2週間ほど寝かせる。以上。

　非常にシンプルな方法論なのだが、科学的に見てみるとめちゃ奥深い。まず季節。この季節は冷たく乾いているので腐敗が起こりにくい。この時期を越えて本格的な冬になると、田畑は霜が降りてしまうので、超絶妙なタイミングだ。

　この赤カブの葉には、野生の様々な種類の乳酸菌が付いている。ざく切りにした葉っぱを熱湯手前のお湯でさっと湯通しすることにより、不要な雑菌を取り除き、葉っぱのなかに乳酸菌が入りやすくなる。熱湯で煮込んでしまうと発酵に必要な菌も死滅してしまうので「60℃弱のお湯にさっとくぐらせる」というのがポイントなのね。そして暖かい室温（20℃～30℃）は、発酵の主役になる乳酸菌たちが活発に働きやすい温度。外の寒い温度だと菌が動かず発酵が進まない。室温のちょうどいい環境下で乳酸菌が増えると、乳酸菌の出す酸によってpH値が5・0以下になって酸性になる。この酸性環境が、塩にかわって保存性を与えてくれる（ヨーグルトやお酢の原理といっしょ）。

　つまりだ。すんきの原理は、豆乳（植物性）ヨーグルトに似ていると言えるんだね。

植物由来の乳酸菌のちからによって環境を酸性にし、雑菌を防ぐ。その結果食材が腐らなくなるわけだ。

できあがったすんきには、独特の風味がある。おひたしよりはシャキシャキしたカブの葉の食感と、噛み締めた後にじわっと染み出してくる酸味と旨味は、ぬか漬けや酢漬けとはまったく異質の味わいだ。豆乳ヨーグルトに似ていると言えば似ているが、それより旨味が強い。

地元の人はかつお節に合わせたり、味噌汁の具材にしたり、ソバのツユに入れて食べる。最初食べた時は「なんかヘンな味」と思うのだが、謎の中毒性がある。木曽に住む人たちはシーズンになると「すんき食べたい……！」という強い欲望に衝き動かされ、各家庭であらん限りのカブの葉っぱを漬け込みまくる。

この中毒的な旨味の秘密を、乳酸菌研究の大家、岡田早苗博士が解き明かした。その秘密とは「植物性の食べ物には存在しないはずのシジミ貝の旨味成分（コハク酸）」だ。このコハク酸をつくるのは、通常の漬物には存在しないすんき独特の乳酸菌群（L・プランタルム、L・ファーメンタム、L・デルブリッキなど）だ。なぜこの乳酸菌たちが活躍できるかというと「塩分が低い」からなのだよ。

塩をたくさん使うぬか床や三五八漬け（麹漬け）では「塩に強い乳酸菌」しか働くことができない。しかしすんきではそもそも塩を使わないために、木曽の風土に潜む特殊

な乳酸菌たちが増殖し、その過程でカブの葉の栄養成分を分解して「シジミのような旨味」をつくる。つまり、「すんきの味噌汁」は「シジミの味噌汁」に類似しており、木曽の人々は海がないクセに魚介の旨味を堪能していたことになる。うらやましい！

　すんき特有の乳酸菌たちは、オーソドックスな乳酸菌とは一味ちがう働きをする。

　発酵における乳酸菌の主な働きは「乳酸」という爽やかで美味しい酸をつくることだ。これがヨーグルトやお漬物の酸味のもとになる。

　しかし、ある種の乳酸菌は「乳酸をつくる以外の別の回路」を併せ持っている。スタンダードな乳酸菌ほどにたくさんの乳酸をつくらないかわりに、変わった香りや旨味をつくるもの、酵母のようにアルコールやガスを出す器用なヤツもいる。イメージとしては「昼はさえないサラリーマン、夜は人気クラブＤＪ」みたいな感じね。

すんきが他の漬物とぜんぜん違う風味を持つのは、この器用な乳酸菌たちのつくり出す成分のおかげなのだ。そしてこいつらを呼び込むキーポイントが「塩を入れない」ということだったんだね。

それでは僕が現地で実際に目撃したすんきの文化背景を紹介しよう。

すんきも手前みそと同様に極めてＤＩＹな文化だ。すんきをつくっているのは、木曽に住むフツーのお母さんたち。普段は会社勤めだったり農家だったり主婦だったりするお母さんたちが、シーズンを迎えるといきなり目をギラギラと輝かせつつ全力で「すんき確変モード」に入る。

この時に先陣を切るのが「すんき名人」の精鋭たちだ。木曽町のすんきコミュニティでは頻繁に食べ比べが行われ、そのなかで「アイツはできる」と評される数名の名人たちが「すんき界のカリスマ」的なインフルエンサーになる。彼女たちのつくった「アルファすんき」は、フォロワーのお母さんたちに株分けされ、各家庭で仕込まれるすんきのタネ（スターター）になる。

このように、すんき界の構造はカリスマブロガーやインスタグラマーが先導するＳＮＳコミュニティに似ている。すんき名人は地域コミュニティにおけるリスペクトを一身に集めるローカルヒーローなのであるよ。

ちなみに前述の岡田早苗博士が行った実験によると、すんきにおける「統計上の旨味成分のベストバランス」と「名人の仕込んだすんきの味」はほぼ一致する。木曽のお母さんコミュニティの味覚センス、スゴ過ぎ！

高知県嶺北地方の世にも酸っぱ爽やかな碁石茶

20代半ばのサラリーマン時代から、僕はよく中国を旅するようになった。当時勤めていたスキンケア会社が、漢方の技術をベースにした商品をつくっていたので、中国の食文化や中医学に興味を持ったのだね。

中でも僕がハマったのは中国独特の発酵茶文化。中国には烏龍茶やジャスミン茶以外にも数え切れない種類のお茶がある。そのなかでも異彩を放つのが、微生物の力によって発酵・熟成させた発酵茶。有名どころだと中国南西部、雲南省の特産である普洱茶《プーアル》がある。それ以外にもチベット周辺の高地で飲まれ

アニメ『きそうた』よりすんきの漬け込みの様子（イラスト：チウラマユミ）。

る茶葉をレンガのように固めて発酵させる酥油《スウヨウ》茶、湖南省の遊牧民の栄養源になった茯《フ》茶など、何年も何十年も発酵させるヴィンテージ茶を飲んで「中国の茶の文化、深すぎる……！」と感銘を受けたものよ。

この発酵茶の系譜、実は日本にもあることをご存じだろうか。というか、実は日本に最初に渡ってきたお茶も発酵していた可能性がある。

9世紀はじめ。中国（唐）に留学した天台宗の始祖、最澄[※2]がお土産として持ち帰ったお茶と茶の木が日本におけるお茶の始まり。最澄が持ち帰った茶の木の子孫は高野山中や東近江市近辺の小さな茶園にまだ残っている（滋賀に行くと幻の銘茶政所《まんどころ》茶という名前で最澄のお茶の末裔が細々と流通している）。

で。最澄の持ってきたお茶なのだが、おそらく餅茶と呼ばれるものなのではないかと言われている。これは、お茶を蒸したあとに、ギュッと圧縮してコンパクトに成型したもの。運搬する時に便利なパッケージ方法なのだが、このお茶を放っておくと、微生物の作用を受けるはずだ。この「蒸した後に固めて長期間熟成させる」という方法論が、後の普洱茶などの「黒茶」と呼ばれる発酵茶の文化に発展していく。

この餅茶は他国のお客のお土産にするものだったようだ。まあ考えてみれば、昔の海外旅行ってめちゃくちゃ大変。途中で遭難して帰ってきたのが3年後……ということがままある。そういう時にこのお茶は保存性があるので重宝されたはずだ。

しかしこの餅茶の文化は日本には根付かなかった。

酒の好みと一緒で、フレッシュで軽快なものが好きな日本人の間では、摘みたての茶葉を揉んで新鮮な味に仕上げる緑茶が圧倒的メジャーになった。

……なんだけどさ。実は最澄のもたらした茶の末裔が奇跡的に現代まで生き残っていたのだな。高知県北部、四国のほぼ真ん中にある嶺北地方と呼ばれる山間地に、「碁石茶」と呼ばれる不思議な発酵茶がある。

製造されているのは日本でただ一箇所。深い山あいにある古い納屋のような加工場だ。ここにたどり着くには、チベットの山岳地帯もビックリの、軽自動車がギリギリ通れる超細くて曲がりくねった山道を延々登っていかなければいけない。車の運転が下手な人だったら途中で崖から落ちてアウトになりかねない超僻地だ。

碁石茶は、山の中腹にある加工場の隣の急斜面に植えられた茶を原料に仕込む。足腰の弱い素人がお茶を摘みに行ったら転がり落ちそうなほどのハードコアな傾斜地を耕した茶畑だ。

仕込みシーズンは、6~7月。そう。鋭い人なら気づくはずだ。

「カビが元気になるシーズンですかい、ダンナ？」

その通り。碁石茶はＰＡＲＴ１に出てきた発酵カビによって発酵させる。これこそが碁石茶が「最澄の茶の子孫」であり、大陸から伝わった薬茶の祖先である証拠だ。

それでは歴史を簡単に紐解いてみよう。

碁石茶の歴史は４００年以上前に遡り、その起源はよくわかっていない（またかよ）。とりあえず言えるのは、中世以降に日本で普及した緑茶とは全く異なる製法で作られているということだ。碁石茶に似ているのは、さっき説明した中国辺境の発酵茶なのであるよ。

一般的な発酵食品と違い、碁石茶はローカルピープルにはほとんど飲まれず、瀬戸内海の島々や海を渡った広島などで消費される特産品だった。仕込みの時期が限られるので、地域の農家が「いい稼ぎになる季節労働」として碁石茶をつくっていたらしい。ただ、昭和になってからその生産量は超激減。最後の一軒になった小笠原さんが踏ん張って細々と作り続けていたところ、２０００年代に入って健康食ブームの追い風が吹き、最近また少しずつ生産量が増えてきたそうな。なんだけど、製造場所は相変わらず小笠原さんの加工場だけ。仕込みは徹底的にＤＩＹ的だ。

碁石茶をひとくち飲むと「ななな、なんか酸っぱいけど？」と、お茶とは思えないユニークな酸味を強烈に感じる。実は碁石茶がユニークなのは、中国でも非常に珍しい「二段構えの発酵」を経る、複雑な発酵プロセスによる。

技術的な視点から碁石茶の仕込みのプロセスをざっくり解説するとだな。6〜7月に茶葉を摘み、蒸す。ここまでは普通の緑茶と一緒だ。その後に、納屋の地面のうえに昔からずーっと使われてきたむしろを敷き、その上に蒸した茶葉を広げて数日間置いてカビを呼び込む（蒸米に麹菌を呼び込むのをイメージして欲しい）。カビが生育した後に、今度はこれまた昔からずーっと使われてきたであろう樽に茶葉と蒸した時にとっておいた煮汁を入れ、そこに山のように石を積んでおもしにして、数週間発酵させる。発酵が終わった後、おもしによって茶葉が圧縮されブロック状になる。それを3㎝角ぐらいにチョキチョキ切って納屋の隣の空き地で天日干しにする。雨が続くと仕上がりのクオリティに悪い影響が出るらしい。最初から最後まで自然環境頼みで、浮世離れしていると言っていいぐらい原始的な製法だぜ。

碁石茶は二段階の発酵プロセスを経て完成する。むしろの上でのカビ付けと、樽のなかでの発酵だ。前者は酸素のある場所で発酵カビを増殖させ、後者は酸素のない場合で乳酸菌を増殖させる。つまり環境を切り替えて、異なる発酵菌たちをバトンリレーさせていく。

もうちょっと細かく掘り下げてみよう。

カビ↓乳酸菌という順番がめちゃ大事。それはなぜかというとだな。ミクロの視点で見てみると、茶葉を構成する細胞は固い壁に囲われている。自分で動けない植物は、壁を築き、そのなかに毒を蓄えることで他の生物に食べられるのを防ごうとする。子どもが青菜やピーマンが苦手なのは、カタい壁や毒を消化できる機能がまだ発達していないから。ちなみに木材は樹木の死体なわけだが、これで家を建てられるのもひとえに細胞がカタいからだ。

しかしここで恐るべき進撃の巨人が登場する。カビだ。

カビは植物にくっつくと、根っこ（菌糸）をはりめぐらせて酵素を出し、植物の細胞の壁を壊して中身の栄養をゲットする。前述の「むしろの上でのカビ付け」のプロセスは、つまり発酵カビによって茶葉の細胞壁を壊していると表現できる。ちなみにカビの種類[※3]だが、麹菌の仲間のアスペルギルス属、かつお節や抗生物質に使うペニシリウム属、大陸の麹やチーズに使うムコール属の仲間などが確認されている。

カビの分解能力はすさまじい。木造建築の梁を腐らせてしまうのも、腐朽菌と呼ばれるカビかキノコの仲間たちだ。木材の主成分となる「リグニン」という頑丈な繊維質は、この腐朽菌たち以外は分解することができない（だから木造建築は何百年ももつんだね）。

さて次。「樽のなかでの発酵」のプロセスだ。これは細胞が壊れた茶葉に、乳酸菌を付けることを意味している。乳酸菌は非力なので自分で植物の細胞のなかに入っていくことができない。しかし一度カビが壁を壊してくれているので、細胞の中の糖分などの栄養をゲットして、ヨーグルトのような酸（乳酸）をつくりだす。これが碁石茶の酸っぱさの理由。

……でも待てよ。碁石茶を飲んでみると、ただの酸味ではなく、お茶っぽくない旨味をかすかに感じる。これはなんぞや？　と思って碁石茶を発酵させる乳酸菌を調べたところ、すんきの旨味をつくり出す乳酸菌（L・プランタルム）がいることがわかった。

発酵カビがつくりだす熟成した風味と、乳酸菌のつくる酸味と旨味が相まって、碁石茶はもはや調味料のような風情がある。そして実際に、瀬戸内の諸地域には「碁石茶の茶粥」のレシピが残っている。「すんきの味噌汁」とだいたい一緒じゃねーか！

ここから先は僕の私見だが、カビ付けをするむしろ及び乳酸菌を付ける樽が、ずっと昔から使われているヴィンテージものなのは「樽とむしろに棲みついている野生の菌」を絶やさないようにしているからだと思われる。昔ながらの家屋の木材や土壁には小さな隙間がいっぱいあるので微生物が棲みつきやすい。山奥のかなりくたびれたたった一軒の加工場にこだわるのも「何百年もかけて発達した微生物の生態系」をリスペクトしているからに違いない。

ちなみに碁石茶とよく似たものに、ミャンマーや雲南省の伝統発酵食である酸茶というものがある、と文献にあったのだが、思い返せば僕それ食べたことあったわ。「食べたことある」と書いたように、この酸茶は竹筒のなかに茶葉を入れて土中で発酵させてドロッと溶かした「ごはんですよ」みたいなノリ状の食べ物だ。お茶で飲むというよりは、料理のなかに入れて使う。確かにあの旨味は碁石茶に似ていたかも……。

なぜミャンマーと高知の山間地に同じような発酵食品が存在しているかは謎だ。ちなみに木曾町のすんきに似たものとして、ネパールのグンドルックという同じく塩を使わずに乳酸発酵させる漬物がある。東南アジアと日本には発酵でつながれた見えないライ

高知県嶺北地方の山深くにある茶畑。

ンがあるのかもしれない。

茶の起源のひとつである中国雲南省からチベットにかけて「茶馬古道」という文化があった。7世紀頃から今でも続いている「お茶版のシルクロード」で、温暖な雲南省の諸地域でつくられるお茶と、チベット周辺の高地で育てられる馬の交換をするためにつくられたらしい。このルートは遠くインドやネパールにもつながっていたようで、その東端を辿っていくと朝鮮半島、そして日本へと通じていたのだろうか……と、碁石茶は発酵おじさんたちを歴史のロマンへと誘うポエムな発酵食品なのであるよ。

余談だが、有機農業をやっている人なら碁石茶の発酵プロセスにピンとくるかもしれない。碁石茶の発酵プロセスは堆肥（コンポスト）づくりのプロセスによく似ている。カビで植物の細胞壁を壊し、細菌でさらに細かく分解し……という仕組みは両者に共通している。

中国茶の先生からレッスンを受けたときに「発酵茶（黒茶）は、茶葉の土に還る寸前の生命の輝きをありがたく味わうものなのです」と含蓄ある言葉を授けられた。

大地にその存在を還元する最後の瞬間に、凝縮された生命力の一端が僕たち人間にお裾分けされる……碁石茶は「大地の懐の深さ」を教えてくれるポエムかつ哲学的な発酵茶でもある。

新島のハードコア発酵、くさやの抗生作用

知人の縁があって、伊豆諸島の新島（いちおう東京都）に10年以上通っている。夏の夕暮れにバーベキューをやるのが最高なのだが、その時の定番として「くさや」というハードコアな発酵食品がある。これはアオムロやアジ、トビウオなどの青魚を「くさや液」と呼ばれる発酵液に浸した後に天日に干したもの。知る人ぞ知る「めちゃくちゃ臭い発酵珍味」なのだが、すんきと同様、歴史と技術を紐解いてみると、そこには謎すぎる微生物の作用が起こっていた！

くさやは、江戸時代中期に新島で発祥したとされる魚の発酵干物だ。くさや誕生の背景には、またもや「塩」が関与する。

木曾町のような山村ではそもそも塩が採れないのだが、新島のような漁村ではなまじ

塩が採れるので税として厳しく取り立てられるという悩みがあった。

現代のように冷凍技術が発達していつでも生魚を食べられる時代と違い、漁村では「魚ごとのシーズン」というものがあり、捕れるシーズンには食べきれないほど捕れるし、捕れないシーズンには全然捕れない。とすると、捕れるシーズンに余った魚をどのように保存するかが問題になる。くさやの原料になるアオムロやムロアジのシーズンは夏なので、そのぶん腐敗が速い。そこで標準で導かれる答えが「塩漬け」のち「干物」だ。塩分を高め、同時に水分を抜くことで雑菌の増殖を防ぐ。しかし新島の塩はお江戸に取り立てられてしまう。そこで出てくるのが、

「塩の漬け汁を捨てずにリサイクルすることにしようではないか」

というもったいない精神なのであるよ。魚を塩漬けにした汁は匂いも味もキツくなるので普通は途中で捨ててしまうのだが、新島はそれを何度も何度もリサイクルした。当然匂いも風味もハードコアになっていく。

想像してみてほしい。クラスにいる「ヘンなヤツ」は往々にして「イタいヤツ認定」されやすい。鉄道オタクとか、昆虫オタクとか。しかし「鉄道界の天才少年！」とテレビで特集されたり、「世界昆虫博士トーナメント」で優勝したりすると周囲の評価が変わり、

「アイツ……もしかしたらスゴいヤツなんじゃないの……？」

と認知されることになる。くさやも同じ原理だ。最初は地元の人も「臭いけどなんとか食べられなくもない」という扱いをしていたが、やがて江戸の通人が、

「珍味好きに朗報！　新島に臭いものマニアを唸らせる銘品を発見！」

とくさやの魅力に気づき、やがて新島の特産品に成長していった（実際江戸時代にはくさやを詠んだ歌がある）。つまり「臭い　食べ物」とグーグル検索したときに一番上にくるような感じだね。ＳＥＯ対策バッチリ！

デザイン的な視点で見てみると、これは「新たな価値の発見」ということになる。１９６０年代、ドイツやアメリカから入ってきた明快で合理的な「モダンデザイン」が全盛の時代、横尾忠則[※4]や宇野亜喜良[※5]の土着的かつシュールな世界観がデザイン界や美術界に衝撃を与え、「モダン」に対する「アヴァンギャルド」という価値が生まれた。

これはつまり、江戸時代におけるくさやのことであり、現代における激辛カレー（ハードコアに辛ければ辛いほど喜ばれる）のようなものであると発酵デザイナーは強く主張したい。

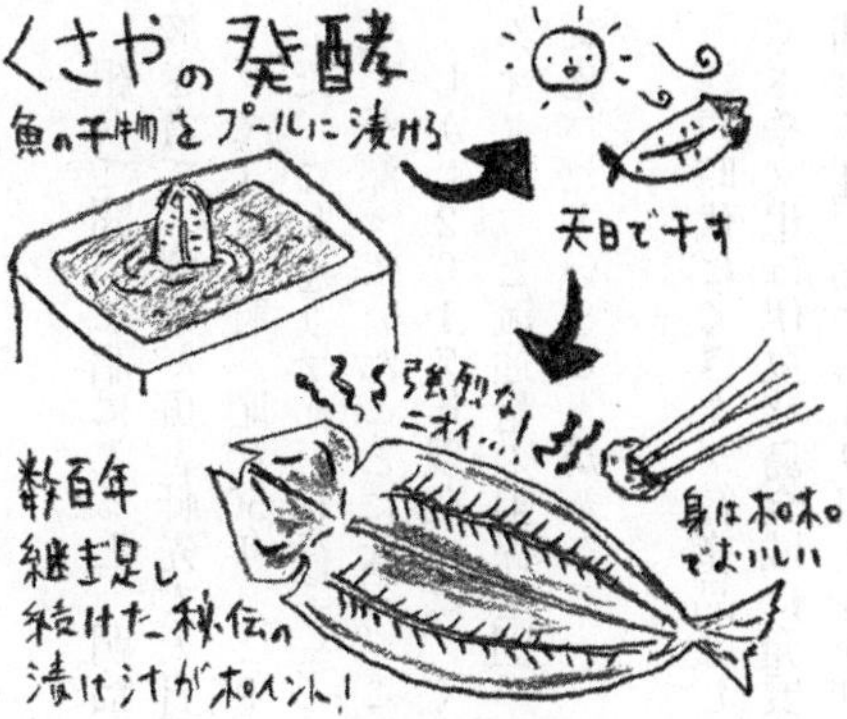

この日本における「アヴァンギャルド発酵」の急先鋒であるくさやの現場を訪ねに、新島水産加工業協同組合に遊びに行ってきた時のことを話そう。

現在伊豆諸島一帯（大島とか八丈島とか）に広がっているくさやだが、起源は新島ということになっている。なぜかというと、この組合の加工場の地下に、伊豆諸島で最も古い「くさや液（漬け汁）」があるからだ。２００年以上途切れることなく注ぎ足されてきたその泡立つグレーの液体のプールに顔を突っ込んでみたら、「ベースは汲み取り式トイレの臭い。そこにアンモニアの刺激臭が加わり、飲み会から帰ってそのままシャワーも浴びず寝落ちした女子の化粧崩れした顔面から発する不思議に甘い匂いがスパイスとして混じり合った臭気」に卒倒しそうになったぜ。トイレの臭いと刺激臭は理解できたんだけど、最後の甘い匂いはなんだと思って調べたら、n-酪酸という物質がつくる銀杏や脱ぎたての靴下から発する臭気とプロピオンアルデヒドという物質がつくる香ばしくて甘い香りが入り混じったものらしい。

組合で聞いた話によると、明治〜昭和初期の頃には、ぬか床のように各家庭がくさや液を育て、漬けた魚を軒先で天日干しにしていたそうな。大正元年（１９１２年）がピークで１５５軒、昭和50年（１９７５年）の段階でも28軒のくさや製造者が確認されていた。これをリアルに想像すると、夏〜秋にかけての新島は至るところから「くさや臭」が漂っていたことになる。これはなかなかかぐわしい……！

しかし２０１７年現在では、くさや製造はほとんどこの組合の加工場に一元化され、クオリティと流通量の担保を図っているが、くさやも元は制限と工夫が生んだ「ＤＩＹ文化」だということがわかる。

江戸時代にくさやが特産品として人気になると、他の島にも漬け汁を「種分け」して、くさや文化は伊豆諸島全域に発展していった。ちなみにかつて新島と同じく青魚がよく捕れる鹿児島にもオリジナルを種分けしたことがあるらしい。今その文化が継承されているかは不明。

なお科学的に分析してみると、各島でくさや液に含まれる微生物の傾向や成分にけっこうな違いがある。塩分値で比較してみると、八丈島のくさやがいちばん「塩漬け」に近い。

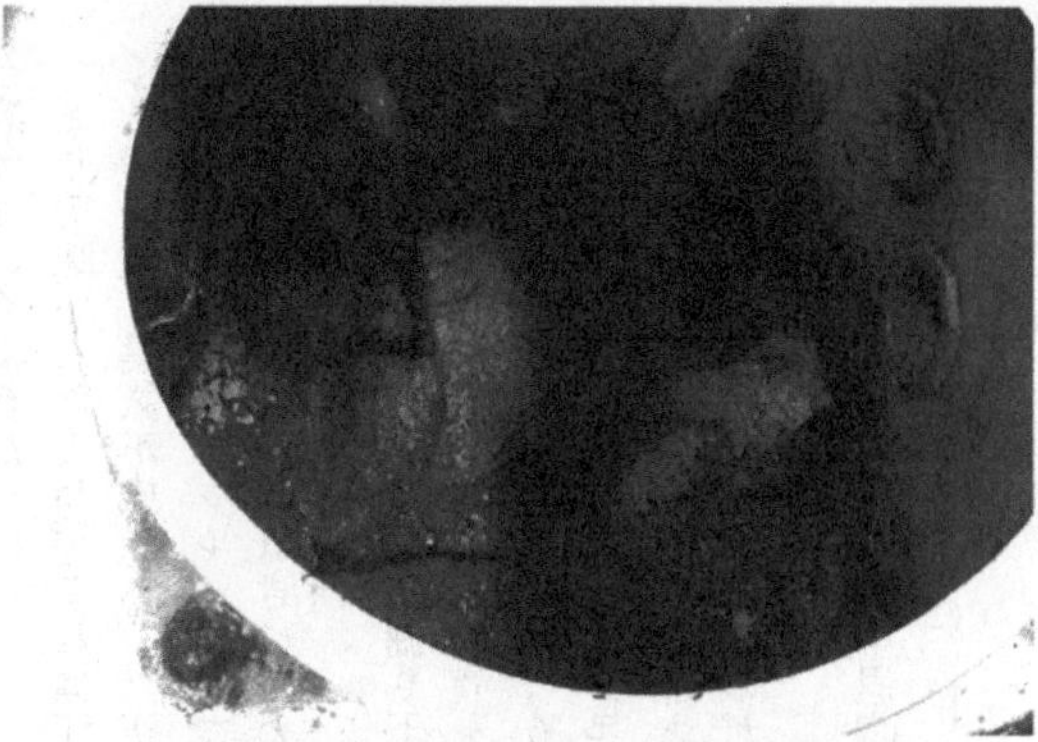

200年以上継ぎ足し続けられた、くさやの漬け汁。

さて。実際にくさやはどのようにエンジョイするものなのであろうか。

街場の居酒屋さんで楽しむ場合には、とうぜんカウンターで焼酎などと合わせて食すわけだが、新島ではバーベキュースタイルで野外で食べることも多い。

なぜかというと、くさやは「焼くとさらに臭いが強くなる」からだ。前述の不思議な甘い香りの「焦げた感じ」が爆発的に広がり、くさや本体から周囲数メートルはくさや臭がつくりだす「特殊亜空間」が形成され、臭いものが苦手な人は立ち入ることができない。

しかし一度口に入れると、それほど臭くないのが不思議だ。通常の魚の干物を焼いたものより若干やわらかい食感と、ちょっとチーズっぽい濃厚な旨味が加味され、新島焼酎をロックにしたものと口のなかであわせるとホロホロと溶けていくようだ。

つまり美味いんだよね。これは江戸時代の通人がハマった理由もわかるわ。

くさやを焼く臭気が染み込んだ空間は常人が近づけないアンダーグラウンドな雰囲気になってしまうので、フレッシュで香気あふれる上質のくさやをゲットしたらぜひ野外で楽しんで欲しい（珍味好きにはたまらないですぞ）。

それでは科学的な観点から掘り下げてみよう。

組合からオリジナルのくさや液を分けてもらったので、家に帰って顕微鏡で見てみたら色んなカタチの細菌類がうじゃうじゃしていた。一見したところ、麹菌や酵母などの「スタンダードな発酵食品でよく見る発酵菌」がいなさそうだったのでちゃんと文献で調べてみたら、くさやは発酵食品と呼べなさそうな摩訶不思議な微生物叢（菌の生態系のこと）によって醸されていたのだ。どひゃー！

くさやはなぜ腐らないかが不思議な食べ物だ。

Column 2で説明したように、日本において食品の腐敗を防ぐ主要な加工法は、

・塩（砂糖）をいっぱい入れる

・pH値を酸性かアルカリ性に傾ける
・アルコールに浸ける

なのだが、くさやはこの３つのどれにも当てはまらない。
塩分濃度は３％前後で、pH値は中性。酵母は働いていないので当然アルコールもない。

　塩分濃度まあまあ、中性、液体。この環境は言わば「海水」だ。瞬間的に壮大な話になるが、生命が生まれたのは海であり、地球における生物の歴史の大半は海が舞台だ。陸上生物のルーツも海だ。ということは、海水というのは「生命のゆりかご」であるからにして、海水は「色んな微生物がイキイキできる環境」ということなのでつまり雑菌もいっぱいいて腐りやすい。味噌や醬油を「ガードの固いボクサー」だとすると、くさやは「ノーガード戦法」と言ってもいい。魚の表面に付着した海中の雑菌たちにボコボコにされて速攻でＫＯ（腐敗）されるはずだ。

　しかしくさやは腐敗しない。それどころか、強力な雑菌撃退パワーを持っている。くさや液の有名な効能として「抗生作用（病原菌の侵入や増殖を防ぐ作用）」が挙げられる。実際に地元新島でも、傷口にくさや液を塗ると傷口の化膿を防げるという言い伝えがある（でも僕の知る限り、くさや液を傷口に塗っている新島の人見たことないけどね）。

　この抗生作用をつくり出す微生物はほぼ特定されている。コリネバクテリウムという細菌属の一種が、食中毒の原因となる病原性の大腸菌やブドウ球菌、腸炎ビブリオなどの増殖を防ぐ。つまり「天然の抗生物質」として作用することがわかっている。しかし、生理医学などをやっている人ならお察しのとおり、このコリネバクテリウム属の代表格はジフテリア菌をはじめとする病原菌なのであるよ。

　くさやの場合は、非常に特殊な種類のコリネバクテリウム（C・クサヤ）※6が、人間に病をもたらすのではなく、利益をもたらす働きをする。さらにだ。伊豆諸島のなかでも新島のくさやにだけ存在する菌として、ペニシリウム属のカビがいる。これも抗生物質に使われる微生物で、おそらくくさやの保存性と抗菌性を高める働きをしているだろうと推測できる。ちなみになぜ新島のくさやにだけこのカビが存在しているかというと、その昔、くさや加工場でかつお節系の加工品を製造していたからだと言われている。かつお節の発酵には腐敗を防ぐカビが活躍するからね。

　くさや液中にいる他の菌を見てみると、コリネバクテリウムの抗生作用に耐えられる類の不思議な菌が集まっていて、いわゆる一般的な発酵食品とはまるっきり違った生態系をなしている。例えるなら森田まさのりの名作野球漫画『ＲＯＯＫＩＥＳ』だ。不良を集めて野球チームをつくったら一致団結して強豪校になったように、ヘンな菌を集めてチームを組ませたら個性的な発酵作用が起こったのであるよ。

実はくさやの発酵作用にはよくわかっていない点が多い。なぜ腐らないかはある程度わかっているが、なぜこんなに臭いのか、なぜこんなに美味しいのか、なぜこんなにヘンな菌が集まっているのか。解き明かされていない謎は多い。

僕がここまで解説してきたくさやのエピソードの科学的裏付けは、基本的には藤井建夫博士の著書『塩辛・くさや・かつお節』がもとになっている。しかし２００２年に行われた、くさや液中にいる微生物をＤＮＡから直接分析する実験の結果を見ると、従来型の「菌を環境から分離」する実験では見つからなかった菌も発見されている。つまり、くさやにはまだ未知の菌が潜んでいる。

ここで改めて言っておきたいことがある。

僕たちがよく知っている発酵食品には、科学的によくわかっていないことが山ほどある。なぜ何十年も研究しても謎が解明されないのか。理由は2つ。

・分離できる菌とできない菌がいる
・複数の菌が連携して行う発酵作用が分析しづらい

　通常、発酵現象を起こしていると思われる菌を分析するためには、食べ物のなかから実験環境に分離する。丸くて平らな「シャーレ（ペトリ皿）」という容器のなかで分離した菌の働きを詳細に研究するわけだが、微生物のなかには外の環境に分離されると生きていけないヤツがけっこういる。

　分離できない理由のひとつとして、その菌が「単独では生きていけない」ということがある。つまり、複数の菌が協同して何らかの発酵作用を起こしているかもしれない。この「チームの働き」に対して分析が及ばない。

　サッカーで例えてみるとだな。メッシや香川がスゴい選手であるということは数値で分析するとある程度わかってくる。しかしメッシの所属するＦＣバルセロナがなぜ強いのか、アルゼンチン代表がイマイチなのか、その理由を特定することはとても難しい。

　メッシや香川はもちろん個人としても素晴らしい選手だが、チームメンバーに生かされてその真価を発揮する。

　くさやはもちろん、食卓の定番、ぬか漬けやキムチも関与する微生物の種類が多いので、実は科学的な分析が追いついていない。これから発酵学においての挑戦は「単体の菌の分析」から「チーム戦の分析」へのシフトなのであるよ。

制限がクリエイティビティを育てる

以上、3つの個性的な発酵食品を紹介したわけだが。

全てに共通するのが「制限を克服するために工夫する」という発想だ。すんきは「山すぎて塩がない」、碁石茶は「山奥すぎて外貨を稼ぐ貿易品がない」、くさやは「税金重すぎ、漁のシーズン短すぎ」という制限から発酵の技法が発想されている。

これはデザイナーが表現を生み出すための試行錯誤といっしょだ。

依頼主が解決したい問題はいっぱいあれど、予算も時間も限界があり、さらに業界の規定や法律の壁も立ちはだかってくる。通常、デザインのプロジェクトは「ないない尽くし」であることがほとんどだ。

しかし。この制限こそがクリエイティビティの源泉なのであるよ。

制限があるからこそ「使えるものは何でも使う」というブリコラージュの発想が炸裂する。無いことに文句を言うので

はなく、そこにあるものを集めてきて分類・整理し、それをじっくり観察するうちに思いがけないアイデアが湧いてくる。

それは従来の先入観を覆すデザインだ。

「塩を入れない漬物」
「調味料としてのお茶」
「臭さが売りになる干物」

どれも新しい視点と価値の発見がぎゅっと詰まっている。
しかも。その土地ならではの食材、その土地ならではの微生物の特性を活かしまくることで、他が真似できない地域性も表現されている。なんとグッドすぎるデザインなんだ！

ここ数年、各地の自治体や企業から「発酵でまちおこしをしたい」という依頼が増えているのだが、その発想の背景には「土地の風土が独自の文化を育てる」という神話的オペレーションシステムが駆動している。地域のブランドづくりに不可欠な「他に真似できない個性」は、外のトレンドから取り入れた方法論ではなく、忘れかけた歴史の起源や、その土地の微細な気候風土の違い、そして微生物の生物多様性をじっくりと掘り下げるのが正解だ。

ただし、その時はフツーの人間の「肉眼の解像度」では足りない。顕微鏡で微生物を見るように、何百倍も解像度を上げて自分の足元を観察する。

レヴィ＝ストロースの世界観において、クリエイティビティは個人の才能から「生み出される」ものではない。自然をつぶさに観察し、人間の世界と自然の世界をつなぐ関係性を「発見する」時に結果として神話や文化体系が生まれる。レヴィ＝ストロースが発見したのは、世界中の民族が育んだ「微細な関係性を見分ける優れた目」と「自然と人間の世界をブリッジするデザインをつくり出す器用な手」だったのであるよ。

発酵の発明は、目に見えないミクロの自然と人間の世界をつなぐ関係性のデザインだ。

裏返せば、発酵の背景を紐解くとその土地に住むホモ・ファーメンタムたちが世界とどのように向かい合ってきたかが分かるのだ。

※1　北米極北地方に住むイヌイット系先住民族（特にカナダのイヌイット）の神話に登場する海の女神。「海の女王」とも呼ばれ、海に住む動物の管理を行い、また人間の祖でもあるという。

※2　真言宗の祖、空海という説も。

※3　折居千賀『菌が作るお茶の科学』（生物工学会誌２０１０年9月25日号掲載）を参照。

※4　日本のグラフィックデザイナー・画家。日本の土着的なイメージを再解釈したインパクトの強い作風で知られる。滝とY字路が好き。

※5　日本のグラフィックデザイナー・画家。人形のような独特のキャラクター描写が特徴。アヴァンギャルドかつオシャレな作風。

※6　清水潮、坂田恭子、相磯和嘉『くさやの研究―III Coryn ebacterium kusaya の生産する抗菌物質の精製およびその性状』（日本水産学会誌　１９６９年6月号）を参照しているのだが、50年ほど前の論文なのでもしかしたらきちんと特定された菌ではないかもしれない。

解説

ＰＡＲＴ３のテーマは「発酵文化の多様性」。

日本各地の変わり種の発酵食品を取り上げながら、気候風土と人間のクリエイティビティについて掘り下げました。

すんきについては、東京農業大学の名誉教授である岡田早苗博士からたくさんのことを学びました。東京農業大学応用生物学部で発表された一連のプレゼンテーションなどによって、すんきの発酵における驚くべき研究成果を見ることができます。ぜひ近々一般の人も読める書籍にまとめてほしい！

碁石茶についても一般向けの書籍はありません。ただ、碁石茶と同じ微生物発酵茶である中国の黒茶の研究書である『微生物発酵茶　中国黒茶のすべて』を読むと、碁石茶の起源と特徴をある程度理解することができます。特にその発酵プロセスについてはＰＡＲＴ５の『黒茶の化学と微生物』が参考になります。また中国でお茶三昧したい！

くさやについては本文にある通り藤井建夫博士の『塩辛・くさや・かつお節』のセクションⅡで、くさやの発酵における微生物叢や抗生機能の言及があります。小泉武夫先生の愉快なエッセイ『くさいはうまい』でもくさやの臭さに対する言及があります。このエッセイには他にもたくさんのゲテモノ系発酵食品が出てきます。興味がある人はご一読あれ。

「身近にあるものから発想する」「制限がデザインの飛躍を生む」という考え方は、20世紀イタリアの偉大なデザイナー、ブルーノ・ムナーリから学びました。課題解決の方法論に関しては『モノからモノが生まれる』、発想力を広げる方法論については『ファンタジア』がオススメ。彼はデザインプロダクトだけでなく仕掛け絵本もつくっていて、デザイナーとしての僕の永遠の憧れです。

【参考文献】

『微生物発酵茶　中国黒茶のすべて』呂毅、郭雯飛、駱少君、坂田完三　幸書房
『塩辛・くさや・かつお節』藤井健夫　恒星社厚生閣
『ファンタジア』ブルーノ・ムナーリ　みすず書房

日本における茶の起源を紐解く
『日本茶の「発生」最澄に由来する近江茶の一流』飯田辰彦　鉱脈社

日本各地の郷土食を網羅する
『日本の食生活』地域別全50巻　農文協

くさや中の微生物叢の解析（英文）
『PCR-DGGE法によるくさや汁中の微生物相解析』高橋肇、木村凡、森真由美、藤井建夫　日本食品微生物学会雑誌19号掲載

碁石茶製造のアウトライン
『発酵物語　高知に伝わる乳酸菌発酵』カルピス株式会社発行の小冊子キンズ2010年8月号掲載

Column 4

発酵菌と酵素の違いとは？

発酵食品に関する知識でよく混同されるのが「発酵菌」と「酵素」の違い。発酵菌が生きているから健康にいいの？　それとも酵素が大事なの？　わかるようで意外によくわからないこの違い、改めて説明してみましょう。

発酵菌＝ジョン・レノン、酵素＝イマジン

発酵菌と酵素の違いは、ジョン・レノンとイマジンの違いを想像してください。

ジョン・レノンは亡くなりましたが、イマジンはいまだに世界中で歌い継がれています。

味噌で例えてみましょう。味噌が発酵する過程で、最初の発酵のスターターとなる麹菌はやがてエサや空気がなくなって死んでいきます。しかし、麹菌の出した「酵素」が生きているので、旨味や甘味がつくりだされていきます。

発酵の「酵」は、酵素の「酵」。

僕たち人間に嬉しい風味や保存性、健康機能をつくるのは厳密に言うと発酵菌そのものではなく、発酵菌の出す「酵素」です。

ジョン・レノンが歌わないとただの「オノ・ヨーコにデレデレしているおじさん」ですが、彼のつくったイマジンは、世界中の人たちに愛され、世代を超えて歌い継がれ、世界平和に役立っているのだぜ。ラブ＆ピース！

そもそも酵素って何なの？

それでは発酵の本体たる「酵素」について説明しましょう。

酵素とは、ざっくり言えば「化学反応を促進させる特殊なタンパク質」です。タンパク質というと普通は生物の身体の材料となる有機物なのですが、酵素はそれ自体は材料ではなく「材料をつくりだすための触媒」として機能します。

イマジンはそれだけ取り出してみるとただの「音のカタマリ」でしかないのに、やたら人を感動させたり、ＣＤが売れてお金が生み出されるのと一緒で、酵素は「アクションを誘発するもの」なのですね。

前述の麹菌は主に二つの種類の酵素があります。ひとつは、お米や大豆のタンパク質を旨味に分解する「プロテアーゼ」という酵素。もうひとつは、お米や大豆のでんぷんを甘味に分解する「アミラーゼ」という酵素。この2つの酵素が、味噌や甘酒の風味をつくり出す本体なのです。

酵素が働くには、いくつかの条件が重なる必要があります。まず、アクションを触発させる対象がなければいけません。味噌でいえば、大豆のなかにあるタンパク質やでんぷんです。

次に温度。旨味をつくるプロテアーゼは30℃前後、アミラーゼは40℃前後の時に活性化します。その他にも様々な環境条件によって、酵素のスイッチが入ったり切れたりします。

酵素は発酵菌だけに特有なものではなく、

僕たち人間を含む全ての生物にとって超重要なもの。赤ちゃんがどんどん成長するのも、細胞のコピーを促進させる酵素のおかげ。食べたものを消化するのも酵素のおかげ。逆に身体から出る酵素が暴走すると、生活習慣病になったり免疫不全になったりと弊害も出てきます。酵素は生命の代謝活動を司っているのです。

「菌が生きて腸に届く」必要は必ずしもない？

よくヨーグルトのＣＭで「菌が生きて腸に届く！」と宣伝していますが、あれっていったいどういうことなのでしょうか？

食べ物には発酵菌も雑菌も含めてたくさんの微生物がいるのですが、胃から出る強烈な酸（胃酸）によってほとんどが死んでしまいます。胃の重要な機能のひとつは「体内に他の生物を入れない」ということ。

ところが、ヨーグルトにいる乳酸菌のなかには、胃酸による強い酸性環境に耐えられるヤツらがいます。こいつらは胃酸で死なずに消化吸収が行われる腸のなかまで生きた状態で到達する。すると、腸のなかで働く免疫システムを活性化したり、人間の消化吸収をサポートする腸内細菌と呼ばれる微生物たちを元気にしたりする。

これが「菌が生きて腸に届くとＧＯＯＤ！」という宣伝文句の根拠です。

なんだけどね。本当は別に菌が生きている必要がないことも多いんですね。胃酸で死んでしまった菌の死体（菌体と言います）や、菌の酵素がつくりだした物質が人間の消化機能や免疫システム、腸内細菌を活性化させてくれることもある。

例えば、最近ビール酵母から作られたサプリメントがよく出回っていますが、あれは酵母の菌体や、菌のつくり出した物質が健康に良い、という理屈なんですね。

ジョン・レノン死んでもイマジン死なず。

ビフィズス菌
乳酸菌
イエーイ
オナカ元気ー!!

PART 4

ヒトと菌の贈与経済

巡り続けるコミュニケーションの環

文化人類学における交換と贈与

文化人類学の古典的テーマのひとつに「交換」と「贈与」という概念がある。

文化人類学者の先駆者、マリノフスキー[※1]はニューギニア島東部にあるトロブリアンド諸島に住む各部族によって営まれる「クラ」という交換文化を研究した。この「クラ」とは、複数の島々で構成される円のなかを、赤い貝の首飾りを時計回り、白い貝の腕輪を反時計回りにしてぐるぐる回し続ける不思議な交換ゲームだ。このクラというゲームの参加者Ａは、自分の持っている首飾りか腕輪を隣接した部族に渡す。渡された側の参加者ＢはＡにお返しの贈り物をしなければいけない。そしてＢはその隣のＣに首飾りか腕輪を渡す……という交換と贈り物が延々と繰り返される。

この「クラ」というゲームにおけるポイントは３つ。

１つめ。交換の主体となる腕輪と首飾り自体に価値はない。贈り物をお返しする時のパーティにアクセサリーとして身につけていく程度で、普段は使われない。

2つめ。この無意味なアクセサリーに対する「お返し」は、贈られる側が各自で「お返しとしてはこれが妥当だろう」と思われる品々やサービスを考えなければいけない。

3つめ。このゲームは一度参加したら、抜けることは許されない。

現代人から見ると一見無意味に見える文化だが、マリノフスキーはそこに現代人の社会とは違う合理性を見出した。「クラ」という交換ゲームは、

「偶発的に行なわれるのではなく、前もって決められた日に規則的におこなわれ、決められた約束の場所に向かう一定の交易ルートにそっておこなわれる。何千人という人びとを二人ずつ組み合わせ、共同関係にまとめあげることを根本としておこなわれる」※2

つまり、「クラ」は異なる人間同士がコミュニケーションを円滑に循環させるための装置なのであるよ。実際に「クラ」の文化が発動するとどうなるかというとだな。まず「無意味なプレゼントに対する妥当なお返し」がめちゃくちゃ難しい（値段もついてないし）。もし相手に「なんだしょぼいモノよこしやがって」と思われると気まずいし、ときには争いになったりする。なので、お返しするものの価値はインフレ傾向になる（気まずくなるぐらいなら大盤振る舞いしておこうという発想）。「クラ」で求められるのは「フェアさ」ではなく、「気前のよさ」だ。お隣さんに「気前よくすること」が常に求められ、それによって争いを回避し、かつコミュニケーションを永続させる（ゲームからは抜けられないからね）。

この「クラ」という交換ゲームにおいて「打算」は意味をなさない。気前よくお返しのプレゼント＝贈与をした自分のもとに誰かからの贈り物が返ってくるのは、交換の環が一周する何年も先のことだからだ。

魚のかわりに肉をお返しするような「物々交換」とは全く違うレベルの交換に何の意味があるのか？　という問いに対し、文化人類学はコペルニクス的転回の発想で答える。なぜ人間がコミュニケーション＝交換を行うかを問うても意味はない。コミュニケーションをし続ける存在が、つまり人間なのだ。

ここで「私という中心がある」ことを前提とする西洋的な近代哲学が解体されることになる。「私」が自由意志によって誰かとコミュニケーションしようとする、という前提は、「コミュニケーションの環を途切れさせないために、私がいる」というふうに、まるっと転倒させられる。人間がコミュニケーションを道具として「使っている」のではなく、コミュニケーションに人間が道具として「使われている」。主体はトロブリアンド諸島という「文化圏」であり、そこに「コミュニケーションの環」を発生させるために人間たちが右へ左へとグルグル動かされているのだ。このコミュニケーションが「優しさ」と「気前のよさ」によって回れば、そこには平和と秩序が生み出される。反対に「憎しみ」と「ずる賢さ」によって回れば、そこには争いと混沌が生み出される。世界はコミュニケーションがどのエネルギーによって回るのかによってその様相を変えるのだ。

異色の文化人類学者、グレゴリー・ベイトソン[※3]はこの考えをさらにラディカルに発展させる。動物や昆虫などの生態学を学び、さらに現代のコンピューターサイエンスに通ずるシステム工学を研究した結果、ベイトソンは様々な生物が相互作用を及ぼしながら巨大なコミュニケーションの環＝生態系をつくっていると仮定する。その巨大な環の中で「私」という存在が発生する。

「私は、自分の知の営みが、生物界、生成の世界全体を織りなす広大な知の織り物のひとつの小さな織り目だということに降伏するばかりである[※4]」

イルカと一緒に泳ぐ時に、言語とは違うカタチで人間とイルカはコミュニケーションを交わす。農家が「明日は風が強そうだ」と予想して畑の作物に覆いを被せるのは、人間と植物とのコミュニケーションだ。

自分の外にある異なるものと自分の身体が相互にコミュニケーションした結果、そのフィードバック（作用）として私というものがあらわれる。最初から確固とした「私」がいるわけではなく、誰かとコミュニケーションを交わしてはじめて「私」が見えてくる。

「タカシくんは、自分が思っているより優しいと思う」とヨシコさんに言われてはじめて「優しく生きていこう、オレ！」と思うように、「優しい自分」とは、他者からのプレゼントなのだね。この原理が地球における生態系に満ち満ちている。

「いま、私は生きている！」という認識は、地球という環境のなかで様々なものがコミュニケーションを交わす「交換の場」で行われるパーティの「盛り上がってるかーい？」というコール＆レスポンスのようなものだ。レスポンスがあるからコールをする。外の世界に絶えず呼びかけることで、自分の姿が浮かび上がってくる。

マリノフスキーやベイトソンの見た世界において、このコミュニケーション＝交換は人間のあいだでだけ行われるものではない。

ヨシコさんがタカシくんに贈り物をする。空が鳥に贈り物をする。海が魚に贈り物をする。植物が動物に贈り物をする。その「贈与の交換」は止むことなく続けられ「生きているものの世界の環」がぐるぐると回り続けることになる。

これが文化人類学が再発見した「自然と人間が渾然一体となって織りなす生命の贈与のネットワーク」の姿だった。

ヒトと菌のおりなす和

いったい僕は何の話がしたいのであろうか。もちろん発酵の話であるよ。

この「生きているものの世界の環」とは、僕の大好きな漫画『もやしもん』最終13巻のラストシーンで微生物が主人公の沢木くんと樹教授に告げる「みんなみんなで一つの和」のことだ。「目に見えないはずの菌が見える」という特殊能力を持つ沢木くんが、菌たちに発酵博士の樹教授の前に姿をあらわすように呼びかける感動のラストシーン。デルフチア・アシドボランスという哲学者っぽい菌が人間たちにこう語りかける。

「君の営み　我々の営み　別々のようで同じなんだョ」
「それぞれの輪ではあるが、この世界は全てつながっているんだ」
「みんなみんなで一つの和なんだョ」

これはレヴィ＝ストロースの見た神話世界の原理であり、マリノフスキーの見たトロブリアンド諸島の交換儀礼であり、ベイトソンが見た精神と生態系をつなぐネットワークだ。

異なる世界に住むように見える生物たちが、レイヤーを超えて贈り物を交換しあう＝贈与することで結果的に生態系ができあがっていく。

「何をいきなり壮大な話を。ちゃんと順を追って説明してくれよ」

おっけー。それでは発酵の観点からこの「贈与」のプロセスを考えてみようじゃないか。生物学的に分解してみても、この「みんなみんなで一つの和」は大変に奥深いのだよ。

生態系における微生物の役割

『もやしもん』（石川雅之　講談社）13巻（p.205～206）より引用。

なぜ『もやしもん』の菌は、「一つの和」を語るのだろうか。

それは、彼らがこの地球における生態系の「マネージャー」をしているからだ。考えてみよう。地球上では日々膨大な生物が生まれているが、そのまま放っておけば生物の死骸で地上も海中も埋め尽くされているはずだ。しかしそうはならない。

なぜか？　微生物たちが死骸を食べて分解し、生命を構成する有機物を土や水、大気に還元しているからだ。微生物はこの世界を去っていく生命の整理をし、次に生まれてくる生命のお膳立てをする「人事部長」みたいな役割をしている。

微生物たちはものすごくいっぱいいる。畑の土をつまみあげてみると、1gあたり3～5億くらいの微生物が住んでいる。都会のビル街であっても、1㎥あたり数千匹の微生物が飛んでいる。僕たちのお腹のなかにはなんと！　１００兆もの微生物たちがいる。「兆」って……国家予算かよ！

微生物はどんどん増殖し、どんどん死んでいく。酵母は、酒をつくる甘いスープのなかで、１日に何千万倍、何億倍にも増える。そして繁殖の限界に達したら、どんどんと滅びていき、めちゃくちゃたくさんいたのに２～３週間したらあらかた消えてしまう。

微生物はどんなところにもいる。土にも水中にも空中にも、田舎にも都会にも、家のエアコンの送風機のなかにもいっぱいいる。どれだけ除菌を頑張ろうが、次から次へと生まれてくる。普通の生物が生きていくことができないはずの熱い火山口や氷河、地下数千メートルの地底や標高数千メートルの上空にもタフなヤツらが住んでいる。

微生物たちはなんでも食べる。動物の糞や死骸を食べ、落ちた果物や葉っぱを食べる。台所の水回りや浴槽がヌルッとするのは、水分に含まれた栄養を微生物が食べたからだ。彼らが食べるのは有機物だけに留まらない。鉄の腐食はメタン生成菌という変わった微

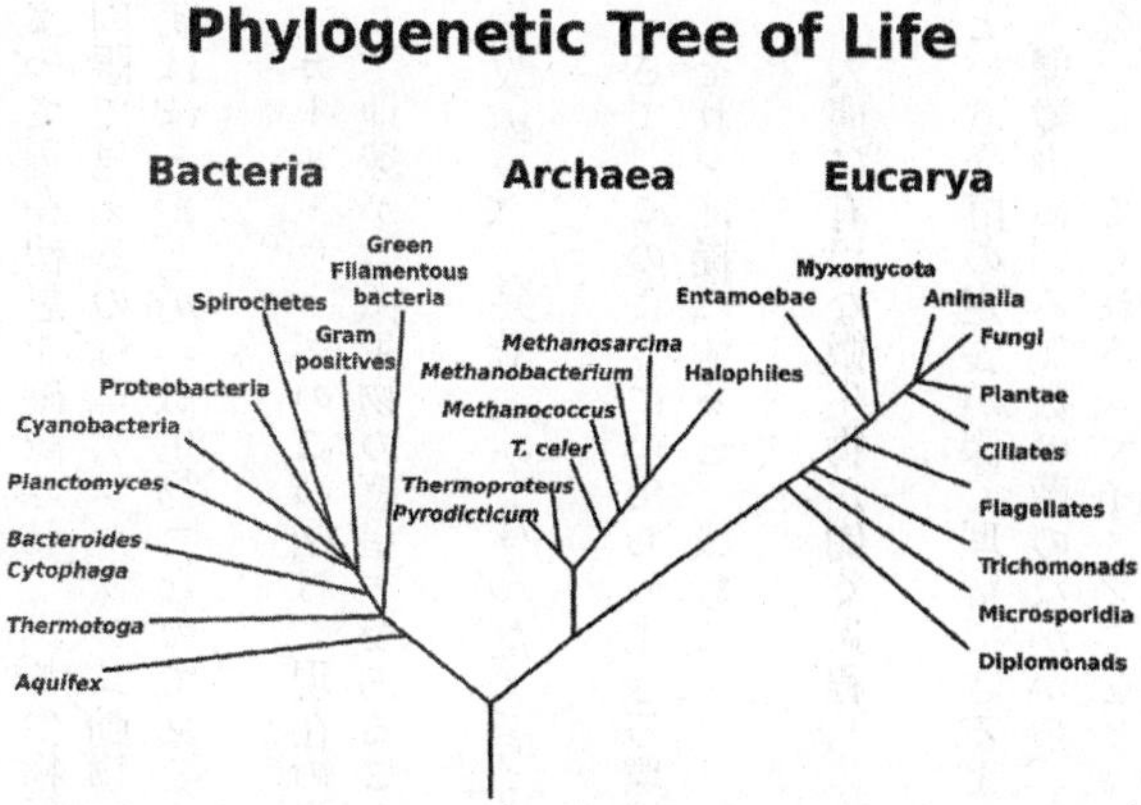

生物が引き起こすこともある。

　微生物は生物の体を構成する有機物を細かく分解し、水や土や大気に還元していく。そしてその水や土から、また新たな生き物が生まれてくる。「細かな物質が集まって生命となる」「集まった物質が分解され還元される」というダイナミズムがこの地球の生命サイクルであり、その鍵を握るのが「微生物」なのだよ。

　この地球上にどれだけの動物や植物が生きていくことができるのか、それは微生物という「人事部長」が決めている。そのマネージメントは地球上のありとあらゆるところで行われる。それを裏返して言えば、微生物がいない環境には他の生物が住むことはできないということだ。

　この図は、１９８０年代に微生物学者、カール・ウーズ※5が提案した「地球における生物の系統樹」だ。僕はこれを「微生物から見た生物の系統樹」と呼んでいる。遺伝子の構造[※6]によって現在棲息を確認されている生物種を23系統に分類した図なのだが、23系統のうち、肉眼で見えるのは「アニマリア（動物）」と「プランタエ（植物）」だけだ。あとの21系統はほとんどが「微生物」なのであるよ。

カール・ウーズのこの図は、現在の生物学におけるスタンダードになっている。つまり、地球が「微生物の惑星」であることがオフィシャルに認められているのだ。

改めて、発酵ってなんだろう？

さて。このように僕たちの生きる環境には微生物が無数にいる。

それを前提にすると、改めて

人間に有用な微生物が働く過程

という発酵の定義が深く理解できるようになってくる。

環境中にいる無数の菌のなかから、人間によくなつき、分解機能によって役立つ物質をつくってくれる「マイメン」をピックアップし、気持ちよく働ける環境を用意する。

乳酸発酵のプロセス

$$C_6H_{12}O_6 \rightarrow 2C_3H_6O_3 + 2ATP$$

グルコース　乳酸　エネルギー！

>ヨーグルト

これが発酵の技術であり、この技術が集積してできるライフスタイルが発酵文化だ。

じゃ、アウトラインは説明したから具体例に行こう。

発酵食品の王道であるヨーグルトを取り上げて、発酵プロセスの真髄を解説すると、「なんか化学式がいっぱい出てきた！　難しい！」と思うかもしれないが、原理はそんなに難しくないから安心してほしい。

この式は、牛乳に乳酸菌という微生物が取り付いてヨーグルトに変わるまでの基本的な流れを示している。式の一番左から解説を始めよう。「グルコース」とは、牛乳のなかにある糖分[※7]。点滴でおなじみの「ブドウ糖」のことだ。乳酸菌はこの糖分が大好き。空中にふわふわ浮いている乳酸菌は、牛乳を見ると「アフター5の新橋の赤提灯に吸い寄せられるサラリーマンのおじさん」みたいな感じで中にあるグルコースを食べにくる。そしてグルコースを食べると、すんきの解説でも出てきた爽やかで美味しい「乳酸」と、乳酸菌のエネルギー源となる「ＡＴＰ（アデノシン三リン酸）」という特殊なタンパク質に分解する。もっとわかりやすく説明すると、「糖分を食べて、乳酸とエネルギーに分解する」ということになる。ＡＴＰについては後で詳しく解説する。

乳酸菌は元気を得るために糖分を食べるのだが、この「乳酸」はいったい何なのかというと「うんち」なのだね。

僕たち人間も、元気を出すために何かを食べたら、その後にトイレへ行って「うんち」をするわけだが、乳酸菌もおんなじ。何かを食べたら何かを捨てる。それが「乳酸」だ。ちなみに乳酸菌はあまりにも糖分を大量に食べると、自分の出した乳酸の山によって死んでしまう※8。ゴミの山に埋もれて孤独死するような状態になってしまうわけだ。でね。この「乳酸菌のうんち」だが、人間にとっては「美味しいごちそう」なのだよ。「酸っぱくて美味しいし、牛乳も腐りにくくなるし（酸性の防腐作用）、そのうんち喜んで引き取りまーす！」となるわけなのさ。

つまり。ヨーグルトは、菌のゴミを人間が引き取ってリサイクルしている、と表現することができる。

微生物にとっての「ゴミ」が、人間にとっての「宝物」になる。

はい、ここ注目！　これが「発酵」の要諦ですぞ。

人間と微生物という異なる生物が、地球における物質循環という巨大なマーケットで「取引」をする。人間は乳酸菌のために牛乳のプールを用意する。乳酸菌はそこで乳酸を生産する。その結果が「ヨーグルト」という発酵食品として結実する。

発酵は、微生物からの贈り物だ。

そしてここがポイントなのだが、微生物はそれを贈り物だとは思っていない（うんちだからね）。微生物はいっしょうけんめい自分の命をまっとうしようと頑張るなかで、たまたま人間の役に立ってしまっただけだ。だから人間に対して見返りも求めないし、栄養を食べ尽くしてしまったらおとなしく滅びていく。そして彼らの残した死体や酵素もまた他の生物の役に立つ働きをする。

えっ、まだよくわからないって？

じゃあもうひとつ、酵母の発酵を例にとってみよう。

次の式は、酵母がパンやお酒を発酵させていく流れを示している。

まず式の左は「グルコース」、そして右は「ATP」であることに注目してほしい。そう、スタートとゴールが乳酸菌の発酵と一緒だ。つまり酵母も乳酸菌と同じく「糖分を食べてエネルギーを得たい」のであるよ。

違いは、捨てるゴミの種類だ。[※9] 酵母はエネルギーをゲットする過程で、「エタノール」というアルコールの一種と、二酸化炭素つまり炭酸ガスを出す。

この流れを理解するためには、ビールをイメージするとわかりやすい。

ビールって、表面がブクブク泡立って、飲むとシュワッとするでしょ。あれが二酸化炭素だ。ビールの泡ってのは、ビールメーカーが炭酸ガスを添加しているわけではなく、酵母がつくっているのだよ（非熱処理ビールの場合は、ミクロフィルター濾過の過程で炭酸が抜けるため、新たに炭酸ガスを圧入することも）。そしてビールを飲むと酔っ払っていい気分になる。これはアルコールの作用。中でも酵母がつくる「エタノール」は人間が吸収しやすいアルコールで、理科の実験で使うアルコールランプに混ぜられたメチルアルコールとは別物だ（戦後の闇市ではこのメチルアルコールの焼酎が流通していたが、飲むと失明したり死んでしまう危険があった）。

お風呂上がりに、シュワッとした喉越しを味わいつつビールを楽しむ。これはつまり「酵母のオナラ（炭酸ガス）とおしっこ（エタノール）を飲んで喜んでいる」ことだ。

一般的な発酵の定義である、

酵母発酵のプロセス

$$C_6H_{12}O_6 \rightarrow 2C_2H_5OH + 2CO_2 + 2ATP$$

グルコース　エタノール　二酸化炭素　エネルギー！

＞ビール

人間に有用な微生物が働く過程の意味がおわかりだろうか？

これが発酵なのだよ。

発酵＝酸素も光も使わないエネルギー獲得法

微生物たちが人間に役に立つ働きをしてくれる。これが誰にでもわかりやすい「広義の発酵」。

しかし。一般には全く知られていないが、生物学を専門的に学ぶなかで必ず出てくる「狭義の発酵」というものがある。気になるその定義は、

酸素も光も使わずにエネルギーを獲得する過程

なのだが、頭の上に「はてな？」のマークしか浮かばないよね。

がしかし！　マニアックな話の連続にもめげずここまで読み進めてきたアナタなら、順を追って話せばきっと理解できるはずだからページを閉じないでねプリーズ！

まずは生物一般の話から始めるよ。地球上に生きる生物の多くは「酸素を使った呼吸」か「太陽光を使った光合成」によってエネルギーを獲得する。僕たち人間を含む動物たちは、酸素を使ってエネルギーを獲得するグループだ。他の生物を食べて摂取した有機物を酸素と反応させてエネルギーに変える。一方、植物は光合成でエネルギーを獲得するグループだ（厳密に言えば呼吸もするんだけど）。

僕たちが一般に知っている生態系の連鎖は、

植物が光合成で育つ→動物が植物を食べて育つ→動物が呼吸して吐き出す二酸化炭素や死体が植物の栄養源になる

というループでできている。

しかし！　実は違うループでできている生態系がある。主役は微生物だ。

ヨーグルトをつくる乳酸菌、パンやお酒をつくる酵母など、ある種の微生物たちは酸素も光もない状態でエネルギーをゲットする。このゲット方法を生物学的には「発酵」という。

「呼吸」と「光合成」に続く第三の道が「発酵」なのだ。これで生きていくことができるのは、微生物だけだ。だから「発酵」というと「微生物」が紐付いてくるのだね。

発酵は効率悪い。だから役に立つ。

発酵によるエネルギー獲得が、呼吸や光合成とどう違うかというとだな。

一言でいえば、効率が悪い。酸素や光エネルギーの「触媒」を使わず、微生物の体内から出る酵素だけで栄養を分解するので、同じ栄養を食べたとしても、動物や植物よりもずっとわずかなエネルギーしかゲットできない。

さっき説明した「グルコース」を例にとってみよう。この糖分は、種を問わずほとんどの生物が大好物のエッセンシャルな栄養分だ。動物も植物も微生物も何らかのかたちでこのグルコースをエネルギーに変えていく。

動物の場合、このグルコース（$C_6H_{12}O_6$）を酸素（O_2）と反応させることで何度も何度も徹底的に分解しつくし、最後に残るのは、水蒸気（H_2O）と二酸化炭素（CO_2）だけ。ご飯を食べると汗やオナラが出るが、はしょりすぎだろ！　と突っ込まれるのを承知で言うとこれは「食べたものを酸化してエネルギーをゲットし、ガスと水分を排出した」ということだ。

植物の場合、光エネルギーを起点にして僕たちがゲップした二酸化炭素（CO_2）を体内に取り込んでグルコースを作り出し、そこから動物と同じように酸素を使って糖分を解体。エネルギーを得て、ガスや水分を出す。それと同時に大量の酸素（O_2）も排出する。雨が降ると森の木々から水蒸気が発生するのは「太陽光を浴びてエネルギーつくっていますよー！　エッサホイサ！」という証なのだね。[※10]植物ってのは光合成と呼吸を両方使いこなす高度な生物なのだよ。

酸素を活用したエネルギー獲得法は、革命的に効率が良かった。ジープみたいに燃費の悪い車ばっかり走っていたアメリカにおけるトヨタプリウス登場ばりの衝撃だ。
この「少量の栄養から最大のエネルギーを得る」方法論によって、呼吸できる生物は活動範囲を広げ、よりたくさんの栄養を得て、そしてどんどん大きくなり、地球上を覆い尽くすほど繁栄した。

さて微生物。牛乳なり穀物なりに取り付いた微生物は、グルコースを自分の消化酵素を使って分解し、その過程で少しばかりのエネルギーを得て、残りは乳酸やアルコールのような「ゴミ」として捨ててしまう。

動物や植物は、グルコースを余すことなく分解しつくし、限界までエネルギーを得ようとする。その結果、最後に残るのは直接大気に還っていく二酸化炭素や酸素、水などの「使い尽くされた出がらし」だ。

しかし微生物は酸素や光といった「分解促進装置」を使えないので、グルコースをちょっと分解したら「もう限界です」とギブアップする。あとに残るのは、中途半端に解体された物質である乳酸やアルコールだ。本当はこれらをもっと解体していけばエネルギーをゲットできるのだが、発酵ができるのはここが限界。

この「あとに残された中途半端な解体物=乳酸やアルコール」は、そのままでは大気や土には還元されない。そのかわり、他の生物の栄養になるのであるよ。

もう一度ヨーグルトの話に戻ろう。

ヨーグルトは、乳酸菌が牛乳の糖分を途中まで解体してギブアップしたものだ。その中途半端な解体物である乳酸が、ヨーグルトを美味しい発酵食品たらしめている。乳酸菌が「もういいや」と思って捨てたものだが、牛乳を雑菌から防ぐ効果もあれば、子どもが大好きな酸味も持ち合わせている。

乳酸菌や酵母による発酵は、本人にとっては効率が悪くて合理的とはいえない。しかし周りの生物に役立つものをつくってくれるという視点で見てみると、「気前がいい」ということになる。

そう、章の冒頭で述べた「クラ」の交換ゲームを行うニューギニアの部族と同じ「惜しみなく贈与する存在」、それが発酵菌なのだ。

種を超えて循環するエネルギー

それじゃ、もう一度文化人類学に話を戻すね。

「クラ」の交換ゲームでは、腕輪と首飾りの「ヴァイグア」と呼ばれる装飾品が永遠に島々の環を巡り続ける。この装飾品に実用的価値はなく、ただただ「交換され、移動し続けるため」だけのために存在する。つまりヴァイグアは、モノというよりは異なる部族のコミュニケーションを続けるためのエネルギーであると言える。

「クラ」の交換ゲームでは、このエネルギーが異なる部族の垣根を超えて移動し続けることで、文化間の「コミュニケーション」が休むことなく続けられる。同時に「気前よくお返しをしなければいけない」というホスピタリティのおかげで、異なる文化の間での争いが防げる。「クラ」により、文化の多様性と持続可能性が担保される。

では再び発酵界へ。

発酵において、この「ヴァイグア」にあたるのが、微生物が獲得するエネルギー「ＡＴＰ（アデノシン三リン酸）」だ。このＡＴＰは、窒素（Ｎ）を中心に構成される「アデノシン」にリン（Ｐ）と酸素（Ｏ）が結合した「リン酸」が3つくっついたものだ。アデノシン＋リン酸3つだから「アデノシン三リン酸」なのだね。

このアデノシン三リン酸は、生物界における「エネルギーの共通通貨」と呼ばれる。窒素や酸素、リンなどの原子で構成される化合物なのだが、本質は「生命が活動するためのエネルギー」だ。その秘密は、アデノシンの横にくっついた一番左はじのリン酸にある。このはじっこのリン酸が「ピンッ！」と外れるときにエネルギーが発生する。で、ＡＴＰが優れているのは、いつ「ピンッ！」とエネルギーを発生させるか、タイミングをアレンジすることができるところだ。

見えない世界の話なのでたぶん理解が難しいと思う。

なので、お金の話をしよう。例えば紙幣は植物繊維（紙）でできている物質だが、本質はモノではなく、商品やサービスを交換するエネルギーだ。そしてお金の優れている点は「いつ交換するかタイミングを選べる」という点にある（つまり貯蓄ができる）。

エネルギーであると同時に、エネルギーを保存する媒体でもあるのだね。しかも、その紙幣がドルやユーロなら世界中で使うことができる。

ＡＴＰも原理はよく似ている。生物はＡＴＰをゲットすると、激しく活動する時や繁殖する時にまとめて使う。そして乳酸菌でも杉の木でも人間でも、地球上に生きる生物はほとんど共通してＡＴＰをエネルギーとして生きている。だからＡＴＰを「エネルギーの共通通貨」と呼ぶのだね。

生物の細胞内において、このＡＴＰの端にあるリン酸が「ピンッ！」と外れるとエネルギーが放出される。エネルギーが放出されたＡＴＰはいったん消費された場所から細胞膜の近くに移動して「待ち」の状態になる。そして細胞の外から漂っていたリン酸とくっつき、また別の場所でエネルギーを放出する。このＡＴＰによる「エネルギー貯蓄」の仕組みによって、異なる細胞や生物の間でエネルギーの受け渡しが絶えず行われている。

「えーと、つまりエネルギーは色んな生き物や細胞をぐるぐると巡っているってこと？」

そのとおり。エネルギーを使い果たした生物は死ぬ。しかしエネルギー自体は死なない。それはまたＡＴＰのかたちを取って、別の生物のもとに渡り、その生物の生きる糧となる。

その「エネルギー交換」は、微生物から人間へ、太陽から草へ、草から牛や馬へと「種」を超えた「生命の環」を巡り続ける。それとともに、グルコースや乳酸やアルコールやアミノ酸が受け渡され、カタチを変え、ガスや水蒸気となってまた土や水に還っていく。そして土や水からまた新たな生き物が生まれていく。

僕が死んだら、身体の外やお腹の中にいる無数の菌たちが「おっ、ヒラク君死んだな。このままだとジャマだから掃除するか」と動き出し、僕の死骸を食べてATPをゲットし、有機物を分解してドロドロに溶かして大地に還してしまう。

「なぜ人間がコミュニケーション＝交換を行うかを問うても意味はない。コミュニケーションをし続ける存在が、つまり人間なのだ」という教えを生物界に当てはめてみると、文化人類学における「異なる文化同士の交換原理」は、発酵における「異なる生物同士の交換原理」と見立てることができる。

なぜ生物がエネルギーを使って生きているのかを問うても意味はない。エネルギーを交換し続ける存在が、つまり生物であり、異なる存在同士でコミュニケーションをし続けるということが

アデノシン三リン酸

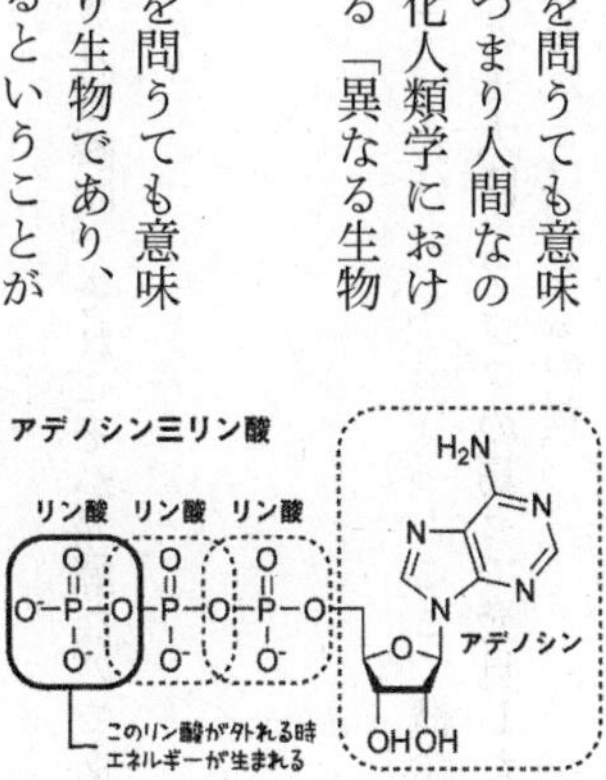

るよ。
微生物から、僕たち人間の生きる糧が「贈与」される瞬間、それこそが発酵なのであ
「生きる」ということだ。

副産物が社会秩序を生み出す

この章のテーマは「交換（コミュニケーション）」なわけだが、ちょっとここで概念の整理をしておきたい。文化人類学者たちがアメリカ大陸やアジアの島々で発見した「交換」の原理は、僕たちが一般的に思い浮かべるそれとは違うものだ。

普通、交換というと「アナタと僕のあいだの交換」を思い浮かべる。農家のアナタが野菜をくれて、漁師の僕が魚をお返しする。その「物々交換」が複雑に発展していくと、お店でお金を出して商品を買う、という「貨幣交換」になる。

この原理の交換において、大事なことは2つ。「一対一」であること、「フェア」であることだ。出し手と受け手が対面し、渡したものとなるべく同等の価値のものが返ってくる。近代以降の社会はフェアであることを前提とした「等価交換」によって経済や市場を形成してきた。お互いが「フェアであること」が二者間の信頼を形成し、その信頼を担保にしてお金の価値が決められ、そのお金を使って色んなモノやサービスと交換する。同じ商品はどこであっても同じ値段で取引されるのが望ましく、ぼったくりや買い

叩きは市場原理によって淘汰される。

ところが「クラ」における交換は別の原理で動いている。

まず、交換が「ゲームの参加者全体」で行われる。そして「もらったものよりお返しを豪華に」が強制されている。「等価交換」が「一対一」で「フェア」に交換する前提と比較すると、「コミュニティ全体」で「気前よく」交換することが前提になる。ものの価値が一元化されない「不等価交換」の原理がクラという交換のゲームを駆動している。

文化人類学の大家、マルセル・モース[※11]はこのような原理を「全体的給付」と名付けた。つまり、コミュニティのなかで贈り物を回しまくったら、なんとなくみんなに色んなものが行き渡って楽しいよね！　という「クリスマスプレゼントの交換会」の原理だ。

さてこの交換ゲームの利点は何であろうか。

モースおじさんの概念の説明は難しいので、色々はしょって僕なりに超要約すると、「コミュニティ全体で不等価交換すると、副産物がいっぱい付いてくる。その副産物が社会の秩序に役立っている」ということだ。モースおじさんは不等価交換における「副産物」を

ATPを介してエネルギーが移動する

このように定義する。

「これらの集団が交換するのは財や富だけではない。動産や不動産、経済的な有用性のあるものだけではないのである。交換されるのは何よりも、礼儀作法にかなったふるまいであり、饗宴であり、儀礼であり、軍務であり、女性であり、子どもであり、踊りであり、祝祭であり、祭市である[※12]」

　つまり「色々あるで」ということだ。

「この色々な副産物こそが、交換される本体（無意味な装飾品）より大事やで」とモースおじさんは言っている（関西弁かどうかは知らないが）。「交換し続けること自体が人間の人間たる所以《ゆえん》だ」と僕が言う根拠はここだ。交換する時の「副産物」が巡り続けることで、人間は社会を形成していく。お隣さんに何かをもらって、別のお隣さんに別の何かをあげる。

　このなかで、人はマナーを学び、三軒両隣の力関係を学び、他人の機嫌の取り方を学び、パーティのオーガナイズの仕方を学び、モノの価値付けの仕方を学び、秩序の守り方を学ぶ。ラブ＆ピース！

微生物による全体的給付

この「全体的給付」による副産物の流通は、前述の発酵を介した副産物の流通とよく似ている。発酵菌によるエネルギー獲得には、乳酸やアルコールなどなど様々な副産物が発生する。この副産物は、他の生物がエネルギーを得るための贈り物であり、そして新たなエネルギーが獲得される過程で別の贈り物がつくられ、また別の誰かに渡っていく。

菌→人間の贈与についてはもう説明したので、今度はより複雑な関係性の贈与についてとりあげてみよう。

アメリカの微生物学者、腸内細菌のエキスパートであるデイヴィッド・ミルズ博士が母乳と赤ちゃんの免疫システムの不思議な関係性を解き明かす研究をしている。

ミルズさんと彼の研究チームは、母乳が赤ちゃんの栄養源となるだけでなく、赤ちゃんのお腹のなかにいるビフィドバクテリウム・インファンティスという腸内細菌（いわゆるビフィズス菌の一種）を繁殖させる機能を持っていることを明らかにした。このビフィズス菌は、赤ちゃんの未熟な消化器官を病原菌による感染症から守るバリヤーのような役割をしている。

母乳に豊富に含まれるオリゴ糖が、ある種のビフィズス菌を育て、その菌が赤ちゃんの健康を守っている。お母さん→菌→赤ちゃんというエネルギー流通を生み出す母乳は、赤ちゃんのお腹を健やかに発酵させるための最強のサプリメントだと言えるのだな。

ミルズさんの研究をはじめ、近年人間の腸内における「驚くべき微生物の生態系」のメカニズムが少しずつ明らかになりつつある（昨今の「腸活ブーム」の背景はこの種の研究の進展だ）。出産の瞬間、産道を通ってこの世に出てくるときに、赤ちゃんはお母さんの腸内細菌群に「感染」する。つまり、お母さんのお腹のなかの生態系が赤ちゃんにバトンタッチされるのだね。生後数か月は、お母さんから受け渡された微生物たちが赤ちゃんのボディガードとして活躍する。ボディガードの報酬はお母さんのお乳だ。

やがて授乳期を終えると、赤ちゃんのお腹のなかでは「お母さんから受け継いだ初期の生態系」と「自分で摂取した食事によって育つオリジナルの生態系」が混じり合っていく。その結果できあがるお腹のなかの微生物たちのバランスが、子どもの消化吸収機能や体質に影響していくことになるわけだ。

人間が健康を維持していくためには、微生物たちの働きが欠かせない。どうやら彼らは、食べ物の消化吸収を助けたり、体内に侵入した病原菌をやっつけたり、免疫システムの健全化を行っているらしい。例えば、ラクトバチルス・ロイテリという乳酸菌は、子どもの夜泣きを抑制する働きをするのではないかというレポートがある。あるいは、麹菌が分解するある種の糖類には免疫システムのバランスの崩れを補正し、花粉症やアレルギーを抑制する効果が期待されている。

にわかには信じがたい話だが、アナタの身体はアナタだけのものではなく、１００兆もの微生物たちと一緒にオーガナイズされている「みんなみんなで一つの和」なのであるよ。

この人間の体内における微生物の共生は不思議に満ちている。まず謎すぎるのが、お腹のなかの微生物たちが免疫システムによる攻撃を免れていることだ。人間の免疫システムの役割は「自分以外の生物が体内に侵入することを防ぐ」こと。病原菌やウィルスに感染すると熱が出るのは、免疫システムが敵を撃退するために頑張っている証だ。しかし、お腹のなかの微生物たちは、人間とは異なる生物なのに、免疫に攻撃されずに生き延びている。詳細はいまだ解き明かされていないのだが、人間の進化の過程において、免疫システムと微生物たちによる「紳士協定」が結ばれたらしいのだ。六本木のＶＩＰクラブのように「腸内細菌ですが何か？」と言うと顔パスで免疫ゲートを通過できる仕組みが長い時間をかけてできあがった。

この紳士協定のもと、人間は摂取した食べ物を通して微生物たちにエネルギーを分け与え、かわりに微生物たちは人間たちの健康保持を一部受け持つようになった。しかもこの関係性は、前述の母乳の仕組みのように、お母さん→赤ちゃん、Aの菌→Bの菌のように、複雑に絡み合っている。モースおじさんの理論でいえば「一対一の等価交換」ではなく「不特定多数による不等価交換」によってエネルギーが循環していく。そのエネルギーの移動には、様々な栄養成分や健康機能が副産物としてくっついてくる。
つまり、人間のお腹のなかはミクロのトロブリアンド諸島だ。僕たちの意識の外側で、微生物たちによる「クラ」が休みなく続けられている。このミクロの交換ゲームが悪い方向に回れば、便秘になったり肌が荒れたり、もっとヒドくなると生活習慣病になる。逆に良い方向に回れば毎日快調、お肌もピカピカ、健やかに日々を送ることができる。

「どど、どうやったらいい感じにお腹のなかの循環をつくれますか？」

そうね。発酵食品をお腹への「贈り物」にしたらいいんじゃないかしら？

破壊的コミュニケーション、ポトラッチ

それじゃ、最後にちょっと特殊なエネルギー循環の例を紹介しよう。

酢酸発酵のプロセス

$$C_2H_5OH + O_2 \rightarrow CH_3COOH + H_2O$$

エタノール　酸化　酢酸　水

＞お酢

上の図はお酢の発酵プロセスを示している。酢酸発酵はとても奥が深く、「発酵→呼吸」という異なる微生物の働きをリレーしているのであるよ。

それでは解説してみよう。

まず式の一番左の「エタノール」は、酵母がつくるアルコールのこと。その隣の「酸化」とはつまり、「アルコールと酸素を反応させる」ということ。すると、式の中央右「酢酸」という乳酸よりもずっと酸っぱい強酸性の酸と、式の一番右の「水」に分解される。この「酢酸」がお酢の正体だ。

「あれっ、これって発酵っていうよりは『呼吸』じゃないの？」

ご明察。酢酸菌は、乳酸菌と同じ細菌類なのだが「呼吸」で生きている。酵母からもらったエタノールを食べて呼吸で分解し、強酸性の酸っぱ〜い酢酸をつくる。そしてこの酢酸は、人間のお腹をキレイにしたり、ピクルスを漬けたりするのに役立つ。

酢酸菌の呼吸は、僕たち動物のものに比べるといくらか分解力が弱い。この酢酸をさらに分解していくとガス（二酸化炭素）になって大気に還っていくのだが、その一歩手前で分解が止まるので、人間の役に立つ。

酵母→酢酸菌→人間というそれぞれ性質の異なる三者間による「不等価交換」が行われている。三者共通でATPというエネルギーがパスされているのだが、副産物がそれぞれ違う。でも、その違いこそが異なる生物を生かし合う。これこそが発酵における「全体的給付」だと思うんですけど、モースおじさんどう思います？

実はこの酢酸発酵、僕たち人間の身体でも起こることがある。それは「お酒を飲んだ時」なんだね。酵母の発酵作用によってできたアルコールを摂取し、体内で分解する。この途中に実は酢酸菌と同じような代謝経路が働いている。

人間の身体にとって、お酒に含まれるアルコールは神経や代謝機能を麻痺させる「毒」だ。しかしこの「麻痺する感じ」が困ったことに、けっこう楽しい。PART1のヤマタノオロチのエピソードで話したように、アルコール（酒）は人間にとって楽しみであると同時に毒でもあるという二面性を兼ね備えている。でね。アタマが酔っ払って楽しんでいる裏では、カラダが一生懸命アルコールという名の毒を分解しようと頑張っている。アルコールは身体の酵素と水分と酸素を使ってアセトアルデヒドに分解される。アセトアルデヒドはさらに分解されて酢酸になる。さらにさらに分解を頑張ると最後はガスや水分になってオナラや汗というかたちで大気に還元される。アルコールの分解とは、何種類もの消化分解機能を駆使しなければいけない、めちゃくちゃ手間のかかる作業なのだね。

「宿酔《ふつかよ》い」とは、この分解のプロセスが追いつかずアルコールの毒が身体からなかなか消えていかなくてマジつらくて「もうお酒なんて飲まないなんて言わないよ絶対！」と絶望とともにつぶやきながら布団から一歩も動けない状態を言う。この時、人間はアルコールの分解が追いつかずに、一時的に酢酸菌になってしまっている。

　さて。ではここから話はまた文化人類学に戻るぞ。

　この「酒を飲む」という行為は発酵という交換ゲームにおける「ポトラッチ」に相当する。

　今まで散々贈与における「いいこと」ばっかり書いてきたが、もちろん世の中そんなにキレイごとばかりじゃない。僕やこの本を読んでいるアナタのなかにも当然、不条理な感情や破壊衝動があるはずだ。何かを交換すること、コミュニケーションすることの中にも当然「不条理」や「破壊」というネガティブな要素がある。

　文化人類学において、この破壊的贈与は「ポトラッチ」と呼ばれ、モースおじさんをはじめ様々な人類学者たちがこの謎に挑んだ。

　ポトラッチとは「明らかにやりすぎな交換」のこと。北アメリカ大陸における先住民族における特殊な文化儀礼をルーツとする。ある部族の首長が、自分の権力を部族のメンバーに誇示するために、自分のもっている大事な宝物をあげてしまったり、場合によっては祭りの場で自分の財産に火を付けて燃やしてしまったりする。これはつまり「オレ以上に気前よくなれるヤツはいない。つまりオレ・イズ・ナンバーワン！」という権力の誇示だ。このエクストリームすぎる気前よさに対して、それ以上の破壊的贈与がお返しできなかった場合、贈られた側は贈った側よりも「気前よさで劣った者」となり、みんなから尊敬される権力者となる資格を失う。ポトラッチとはつまり「贈与のボクシング（殴り合い）」だ。

　しかし。一方ではこのポトラッチによって、権力者は自分の財産を定期的に手放すことになり、深刻な争いの火種となる「富の偏り」が防げる。

「過剰」や「破壊」によって、富の再分配が行われ、誰かが一方的に勝ち続けるゲームになってしまうことが阻害される。ポトラッチは、不条理に見えて実は交換ゲームを潤滑にしていくための「必要な毒」なのであるよ。

　人間は合理性だけでは動かない。過剰な感情が、不条理な行動を引き起こす。それがある特定の部族のなかで制度化される時、その「過剰」と「破壊」は「祭り」になる。「新橋のサラリーマン」という部族において、華金の大宴会は「ポトラッチ」だ。部長が部下たちを引き連れて大盤振る舞いし、酔っ払った新入りが上司に無礼を働き、普段のヒエラルキーが一時的に解除される。そして部長に蓄積された富（給料）が、部長におごられた部下たちに再分配されることになる。

　このサラリーマンポトラッチの引き金となるのが「アルコール」だ。人間の理性をコントロールしている脳神経を麻痺させ、感情や衝動を解放する。社会生活のなかで感じる抑圧に風穴を開ける快感を感じるいっぽう、この時同時に身体はアルコールという毒を盛られて、通常の代謝活動が行われなくなる。宴会の場が大混乱になるのと同時に、身体の中も大混乱なのであるよ。

　人間に飼いならされているはずの酵母が密かに盛った毒にやられて、人間は一時的に社会性を捨てて「カオス」に戻る。つまり「破壊神＝ヤマタノオロチ」の力を召喚する。しかしＰＡＲＴ１で解説したように、人間が社会秩序を維持していくうえでこの「プチ破壊衝動」は不可欠だ。

権力構造は、定期的にいい感じで破壊=リセットしないと妬みを生み、その妬みが争いを生む。だから僕たち罪深い人間は時に正気を失い、安定しているかに見える秩序を破壊し、社会のリセットをしなければいけない。秩序を守るために不可欠な「破壊」を、「ポトラッチ」あるいは「祭り」と言う（日本の伝統的なお祭りには、岸和田のだんじりのように時に死人が出るようなものが多いが、あれはポトラッチの原理なんだね）。

酒が人間社会の起源と関係を持ち、同時に祭りを司るのは必然だ。

贈与の環、そして交換のゲームを永続的に回していくためには、局所的な「リセット」が必要なのだ。その時に僕たちは「過剰な発酵」を利用して酩酊する。祭りの暴力性によって、僕たちは「死」を疑似体験する……と考えてみると、宿酔いというのはある種の「死人状態」と言えなくもない。

宿酔い状態において、人間の身体は明らかに通常と違う代謝モードに切り替わる。まず、ATPのもととなる糖分よりも、毒物であるアルコールを分解することを優先する。ヒドい頭痛の原因のひとつが、脳の活動エネルギーとなる糖分の不足だ。さらにアルコールを分解するために、身体を維持するための主要物質である水分をどんどん排出してしまう。

アタマがズキズキして、脱水状態で動けず、カラダがだるくてピクリとも動けないの

は「アルコールという毒」にやられまくっているのが原因だ。過剰に酩酊することで、精神はもちろん身体もルーティンを抜け出し、毒によって仮死することでいったんリセットされる。

祭りの後に人間は一度死に、別の存在になるのだ。

人間やめて何になるのかって?

菌になるのさ。

発酵という名のギフトエコノミー
(贈与経済)

それでは章のまとめにはいろう。

僕は地域のメーカーや自治体と一緒にデザインを手がける仕事をしているので、まちづくりや環境活動のイベントで発酵の話をしてほしいと頼まれることがある。

その時に、企画者や参加者から「ヒラクさんの発酵の話は、人間の社会に適用できるところがたくさんありますね」とコメントをもらうことがある。

そこには何か隠された理由があるはずだ。

微生物という見えない自然界の住人たちの働きは、地球における全ての生態系の基礎となっている。この基礎の上に、僕たち人間の営みが乗っかっている。何かを食べて腸で分解することも、呼吸してエネルギーをつくり出すことも、お尻からうんちを出すことも、アルコールを分解して宿酔いを治すのも、全て微生物が発明した仕組みを借りたものだ。

身体の営みだけじゃない。他人とつながってコミュニティをつくり、色んなものを交換することで関係性を生み出していくのも、微生物たちの世界で起こることの相似系だ。

異なる者同士の協力関係や対立関係を調整しながら、多様なコミュニティ同士で贈り物をぐるぐる回して秩序を形成していく。個々の思惑や計算を超えて、生態系全体での「生かしあい」が設計されている。その生態系は、秩序の外にあるはずの「破壊」すらも織り込んで多様性と持続可能性を担保する。つまりラブ&ピースでチルってる。イマジン！

マリノフスキーやモースおじさんが発見した「文化人類学的」贈与の世界は、第二次世界大戦以降、過剰なエゴによる個人主義と等価交換が引き起こした争いで消耗した近代西欧社会に対するカウンターカルチャーの象徴になった。

その再来を、21世紀の日本に生きる僕たちは「発酵的」贈与の世界に見出し始めている。個人対個人の、市場原理に基づいたコミュニケーションではなく、共同体のなかで、愛と贈与の原理に基づくコミュニケーションの可能性を夢見ている。ただひとつのモノサシで規定される価値観で他人と競争するのではなく、多様性のなかでお互いの個性を認め合う世界を求めているのだ。

これまでの資本主義的な市場原理と違う、贈与の仕組みで動く世界を「ギフトエコノミー（贈与経済）[※13]」と呼ぶ。これはモースおじさんの言う「全体的給付」の世界観で形成される経済のこと。個人の損得を超え、お隣さんに気前よく贈り物をすることで回っていく経済のカタチだ。

それは別に夢物語ではなく、ボランティアや地域コミュニティ、そして家族のなかで当たり前のように存在している。モースおじさんの贈与理論を経済学において発展させたハンガリーの経済学者、カール・ポランニーは、

「経済システムと市場を別々に概観してみると、市場が経済生活の単なる付属物以上の

ものであった時代は現代以前には存在しなかった、ということがわかる。原則として、経済システムは社会システムのなかに吸収されていた[※14]」と言っている。つまり現代における資本主義経済以前には、贈与経済「しか」なかったということだ。何かを交換する時は、必ず社会を構成するための「副産物」がいっぱいくっついてくる。マナーや愛や祭りや見栄が複雑に絡み合い、交換することで社会秩序が保たれる社会。「経済が社会システムのなかに吸収される」ということは、つまり経済行為を通して「他人同士が仲良くなる＝秩序が形成される」ということだ。

　交換を繰り返すごとに強者はより勝ち、弱者はより負ける。そんなシビアな近代の市場経済とは真逆の可能性が贈与経済に託されている。周りを蹴落とす強い個体で満ち溢れた環境は、はたして住みよい世界なのだろうか？
僕たちが直感的に発酵に何か社会的なものを期待してしまうのは、その根本に「贈与の原理」が働いているからだ。微生物たちの働きから学ぶことは、実は人間社会の秩序の起源を学ぶことでもある。

　僕たちは近代の競争ゲームというアルコールに酔っ払いすぎて、宿酔い状態になってしまっているのかもしれませんぞ。

※1　イギリスの文化人類学者。文化人類学における調査活動（フィールドワーク）の方法論の確立に寄与した。

※2　マリノフスキー『西太平洋の遠洋航海者』（p.127）の引用。

※3　イギリスの人類学者。心理学、生物学、サイバネティクスなどを横断した思想体系で人類学を拡張した。

※4　ベイトソン『精神と自然』（p.119）引用。

※5　アメリカの微生物学者。画期的な生物の分類方法を何度も提唱したことで知られる。DNA以前のRNAによる古代の生物界の可能性を示唆した。

※6　正確に言えば、RNAの構造。RNAについてはPART7を参照。

※7　厳密に言うとグルコースとガラクトースが結合したラクトースが牛乳の主な糖分。

※8　ちょっと乱暴な言い方だけど、乳酸菌は自分のつくった乳酸によってpH値が酸性に傾きすぎると死んでしまう。その意味で乳酸菌にとって乳酸は毒と言える。

※9　酵母もまた自らがつくったエタノールがいっぱいになると死んでしまう。

※10　植物の葉からは代謝（蒸散）によって水分が排出される。雨によって気温が下がるとその水分が水蒸気に変わる。

※11　フランスの文化人類学者。世界中の文化における交換のメカニズムを研究。この理論が後の経済学へインスピレーションを与えた。

※12　モース『贈与論』（p.17）引用。

※13　非・市場経済的な要素を取り込んだ経済。もっと経済学的な定義もあるんだけど、これくらいざっくりしたニュアンスで認識してほしい。

※14　ポランニー『経済の文明史』（p.31）引用。

解説

PART4のテーマは「生態系を巡る贈与の環」。

「生物におけるエネルギーの代謝」と「異なる文化のあいだでの交換儀礼」という、生物学と人類学の2つの学問をまたいだ、本書で最も難しいパートでした。だいぶアタマが疲れたのではないかしら？

マリノフスキーの『西太平洋の遠洋航海者』は、トロブリアンド諸島におけるクラ交換を研究した文化人類学黎明期の金字塔。初期の文化人類学における客観的方法論の模索や、これまでの西洋の思想では理解不能な文化に対する戸惑いや興奮が伝わってくる静かにエモい名著。

マリノフスキーなどのフィールドワークを下敷きに「人類の交換における諸法則」を考案した、モースの『贈与論』も文化人類学史に残る屈指の名作。モースおじさんの思考を現代版にアレンジすると、この『発酵文化人類学』になると言っても過言ではありません。僕の思考のネタばらしをしたい人は、前述の『野生の思考』と『贈与論』を熟読してください。すぐに「ははあ、ヒラクくんはここあそこをパクってリミックスしたんだな」ということがわかります。

精神分析からサイバネティックス、生物学まで幅広いジャンルを横断しながら独自の思想をつくりあげたベイトソンの『精神の生態学』、『精神と自然』もこの本を書くにあたって大きなインスピレーションの源になりました。自然界で起きていることは、自分の精神活動のベースになっている、つまり生態系におけるフィードバック機能のひとつとして、自分という「マインド」がある、という考えは非常に発酵的だと思うわけで（余談だけどベイトソンの主著である『精神の生態学』は現在絶版で、古本にとんでもない高値がついている。文化人類学のクラシックの多くは絶版か定価が高すぎて入手が難しい。この状況どうにかならないのかしら？）。

　生物におけるエネルギー代謝、呼吸や発酵の代謝回路については『微生物学　地球と健康を守る』を参考にしました。いちおう微生物学の専門書なんですけど、有機化学や生物学一般の知識があればなんとか読みこなせる比較的ハードルの低い教科書です。僕はこの本を二か月くらいかけて丸暗記する勢いで微生物学の基礎を勉強しました。

　この章を包括するキーワードである「みんなみんなでひとつの和」は、発酵文化を題材とした漫画『もやしもん』の最終13巻から。発酵の世界の入門書としてだけでなく、学園青春ストーリーの金字塔として今なお色褪せぬ輝きを放っています。大好き！

　「美味しい」「健康にいい」という興味から発酵の世界に足を踏み入れると、その奥には生命の秘密に肉薄する壮大な世界が広がっています。ぜひ本書をきっかけに「微生物の深淵な世界」を覗いてみてくださいね。

【参考文献】

『西太平洋の遠洋航海者』ブロニスワフ・マリノフスキ　講談社
『贈与論』マルセル・モース　筑摩書房
『精神と自然』グレゴリー・ベイトソン　新思索社
『微生物学　地球と健康を守る』坂本順司　裳華房
『もやしもん』石川雅之　講談社

微生物学の視点から発酵を学ぶ
『くらしと微生物』村尾沢夫、荒井基夫、藤井ミチ子　培風館

生物の歴史と微生物の進化の系譜を辿る
『微生物が地球をつくった生命40億年史の主人公』ポール・G・フォーコウスキー　青土社

経済の視点から文化人類学を考える
『経済の文明史』カール・ポランニー　筑摩書房

酔っぱらいを科学する
『アルコールと栄養』糸川嘉則、安本教伝、栗山欣弥　責任編集　光正館

母乳と腸内細菌の研究について　デイヴィッド・ミルズの研究を参照
『Mills lavoratory』http://mills.ucdavis.edu/david-mills

Column 5

恥ずかしくて人に聞けないお酒の基本

発酵文化の生んだ最大の嗜好品、お酒。

世界各地に様々なお酒があり、その土地の多様性を示す重要な存在です。普段からよく目にする身近なものですが、そもそもの原理は意外に知られていなかったりします。

そこで改めて、簡単に「お酒とは何か」を解説しておきます。

糖分を菌に食べさせてアルコールに変えた飲料品

全てのお酒に共通する定義は、

糖分を菌に食べさせてアルコールに変えた飲料品

です。本書にも何度も出てきた現象なので、きっと理解できるはず！

ワインならブドウの糖分を、ビールだったら麦芽の糖分を酵母に食べさせて美味しいアルコール飲料をつくります。もととなる材料は果実や穀物がメジャーですが、中央アジアで飲まれる家畜の乳を醸した乳酒、北ヨーロッパで飲まれるハチミツ酒、中米で飲まれるリュウゼツランの茎からつくるテキーラなど、多種多様な材料からつくられます。どんな材料でもいいから、酒を飲みたい！　という人間の執念を感じますなあ。

ほぼ全てのお酒は、酵母の出すアルコールでつくられますが、特殊な細菌や乳酸菌を使って醸すお酒もごく一部存在します。

醸造酒と蒸留酒

ブドウジュースを酵母で醸すと、ワインになります。ワインを蒸留（液体を気化させてアルコールを抽出すること）するとブランデーになります。

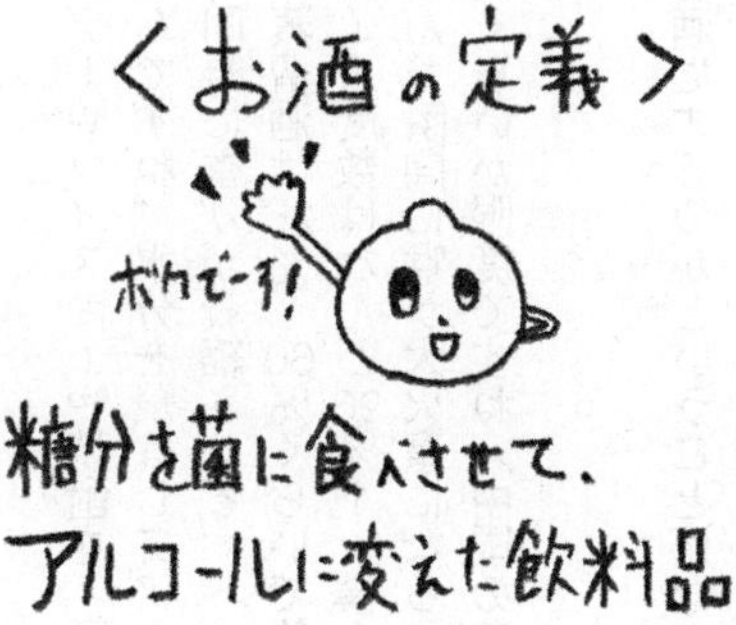

麦を酵母で醸すと、ビールになります。ビールを蒸留するとウィスキーになります（※実際はビールのようなもろみでホップは入らない）。

米を麴菌と酵母で醸すと、日本酒になります。日本酒を蒸留すると焼酎になります。


ワインやビールや日本酒を「醸造酒」といい、ブランデーやウィスキーや焼酎を「蒸留酒」といいます。つまり、醸造酒の加工品が蒸留酒なんですね。水分を飛ばしてアルコールを抽出していくので、アルコール度数が高まり、同時に香りが凝縮される。

醸造酒をアルコール度数５％～15％で飲むのに対し、蒸留酒は25％～60％くらいで飲みます。ポーランド特産の蒸留酒、スピリタスのアルコール度数はなんと96％！　僕も大学生の時に何度か遊びで飲んだことがありますが、飲んだ瞬間に喉が大火事になるハードコアな味でした。蒸留酒でちゃんと飲めるのは60％くらいが限度ですね（中国の茅《マオ》台《タイ》酒とか沖縄の泡盛古酒とか）。


さて。フツーに飲んで美味しい醸造酒を、なんで蒸留酒にするのかということだな。

１つめ。酒が長持ちするようになる（高濃度アルコールは腐りにくい）。昔の醸造酒は腐りやすかったので、蒸留は保存性を高めるにはピッタリでした。

２つめ。ハンパな醸造酒でも蒸留すると飲める。蒸留酒のなかには、ブドウの搾りかすからつくるグラッパや、日本酒を搾った酒粕からつくる粕取り焼酎など「残りものを材料にしたレシピ」がたくさんあります。余さず全部酒にしたい！　というもったいない精神が蒸留酒を生んだと言えます。

３つめ。香りと風味が凝縮する。中国やヨーロッパに行くと、高級酒ほど蒸留酒になる傾向があります。出来のいい蒸留酒は原料の香りと風味が凝縮し、それを何年も寝かすとさらにかぐわしい酒へと成長していきます。

僕の私見ですが、蒸留酒は「鼻」で飲むもの。10年寝かせた上等なスコッチ・ウィスキーなんて、グラスに鼻をつけたまま3分くらいウットリできます。逆に鼻をつまんで飲んだら安物でもヴィンテージでもほとんど区別がつかないかも。

あらゆる方法で官能性を高める

最初にお酒は「嗜好品」であると言いまし

た。嗜好品の命はウットリできること、つまり「官能性」じゃん。酒の文化とはつまり「ウットリ」を洗練させていくことなんですね。

原料の糖分を醸して酒にして、そこからさらに蒸留してより高濃度のアルコールを抽出する。

例えば、カクテルの基本にして、ありとあらゆる手段で官能性をアップさせていきます。これを基本のマティーニのもととなる蒸留酒、ジン。お酒自体の原料は麦やジャガイモですが、蒸留後にセイヨウネズの実などを浸して香りを抽出します。実は日本の梅酒もこれに似た原理で、焼酎に砂糖と梅を漬けて風味を抽出していきます。

中国のアヤしいレストランには、たいがい隠しメニューとして中国焼酎にサソリや蛇やクモやスズメバチを漬け込んだハードコア酒があり、滋養強壮に珍重されています(味は……あんまり美味しくない)。

浸ける以外にも様々な方法論があります。

ワインを一度醸造した後、ビンに移し替えてもう一度発酵させるとビールのように炭酸ガスが閉じ込められたシャンパンになります。収穫前のブドウをわざと灰色カビで腐らせ、糖分を凝縮させたブドウで仕込んだのが貴腐ワイン。甘酒をアルコールに漬け込んで熟成させた超絶甘い日本酒がみりん。

メロンのように甘い日本酒、スパイスのように辛い赤ワイン、燻炭のようにスモーキーなウィスキー、パイナップルのようにフルーティーな茅台酒。知恵と工夫をこらして味覚と官能の極北を追いかける、人間の好奇心と根深い業《ごう》が生み出したのが酒の文化なのです。

PART 5

醸造芸術論

美と感性のコスモロジー

美に普遍性はあるのか？

フランス・パリで美術の勉強をしていた頃のこと。ルーブル美術館には学生向け年間フリーパスという素晴らしすぎる制度があった（確か1年で3000円くらい）。アートに燃えていた20歳頃の僕は、毎日のようにルーブル美術館に通って模写や観察に明け暮れていたわけだ。最初のうちはダ・ヴィンチのモナ・リザのようなルネッサンス絵画やサモトラケのニケのようなギリシャ彫刻などをウォッチしていたのだけど、そのうち古代のレバノン彫刻やエジプトのオブジェなど、だんだんディープな収蔵品が気になっていく。

僕が学んでいた美術は、ギリシャから始まる西洋美術の系譜が基本になっていたわけだが、古代オリエントやシルクロード、アフリカや中南米のクラシックはそれとは違うグルーブ感に溢れていた。

スタンダードとなっている西洋美術と、作者不詳の世界各地のオブジェを見比べ続けた結果、いまだに解けない大きな疑問を抱くことになった。

美に普遍性は存在するのだろうか？

「ダ・ヴィンチの有名な人体図のように、生物界に潜む黄金比やフィボナッチ数列[※1]のような普遍の法則が偉大な作品には宿っているではないか。古今東西、どんな美術にも普遍性が存在するのだよ、ヒラク君！」

うーん。そうかなあ。

じゃあさ、西洋美術のルーツであるサモトラケのニケを見てごらんよ。そもそも半分壊れてるじゃん！　作られた当時は完璧な美だったかもしれないけど、今は半壊のジャンク品だぜ!?　それを僕たちは「美しい」とか言ってチヤホヤしてるわけだ。ギリシャ文明以前の古代オリエントの美術には、どう考えても黄金率と関係ない作品（とすら呼べないオブジェ）がたくさんあるが、当時の街場のおじさんおばさんが使っていたであろう日用品の壺のデザインにグッときたりする。

現代美術なんてなおさらそうだ。ピカソの「泣く女」なんて見る人によっては子どもの落書きだし、ヨーゼフ・ボイス[※2]のインスタレーションなんて「美しさ」から１００マイルくらい離れている。でも僕たちはピカソを見て衝撃を受け、ボイスに触れて世界の見かたを変える。

自然界の普遍法則の体現を目指す美があってもいい。でもそこから外れて新たな価値を目指す美があったっていい。

もし美に普遍の法則があるとしたら、それは「多様であること」だ。

気候風土によって、宗教によって、政治によって、一人の天才によって、あるいは無数の民衆によって「その時、その場所でだけ成り立つ固有の美」が生まれ、その中でごく稀に時代を越えたものだけが古典となり、それが積み重なって歴史がつくられる。

でもね。その古典はマスターピースだから古典になるというよりは、たまたま戦火を逃れたとか、その時代の文化をわかりやすく反映していたとか、コレクターが相続税に悩んでいたとか、偶然と運に強く左右されて古典になる。

「つまりヒラク君は何が言いたいのかね？」

そうね。美は時代と文脈から逃げられないってこと。

美は歴史という土に種を宿し、時代という風に導かれて育っていく。

普遍の美は存在するのか?

シルクロードを渡ったブドウ

東京から中央線に乗って西へ向かい、高尾を越えていくつもの険しい峠を越えると、突如視界が開けて甲府盆地があらわれる。ここが今僕の住んでいる山梨の土地だ。

盆地の斜面に広がる、見渡す限りのブドウ畑が示すとおり、勝沼ブドウ郷駅〜山梨市駅にまたがるこのエリアは、小さな土地に50以上のワインメーカーがひしめく日本屈指の「ワイン醸造地」なのであるよ。

つまり我が家の近所はワイナリーばっかり。やっほー!

「なんでフランスで見た美術の話をしていたのに、いきなり山梨のワインの話になるのよ?」と突っ込みが入りそうだけど、ちゃんとつながっているんだ。安心してくれたまえ。

主にこの甲府盆地で醸される「甲州ワイン」と呼ばれる地酒の文化。こいつを紐解いていくと「美とは何か？」という深淵な謎のひみつが明らかになるのだ。

では。ワインの話を始める前に、その原料であるブドウの話をしよう。

甲州ワインの主原料となる甲州ブドウのルーツは、今から１３００年前、奈良時代初期の７１８年に遡る（なんと麹の起源とほぼ一緒）。勝沼の名刹、大善寺には当時の高僧行基が瞑想中に、薬師如来によってブドウを与えられたという伝説が伝えられている。

さすがにこのエピソードはファンタジーすぎると思うのだが、実際は中国（当時の唐）からの仏教の伝来とともにブドウがもたらされたのだろうね。ＰＡＲＴ3の碁石茶のエピソードでも述べた通り、7世紀から10世紀にかけて、世界の貿易センターとして唐の時代の中国は世界中と交易をしまくっていた。僕たちが学校で習う「遣唐使」の文化は、当時の中国の世界戦略の一環だったわけだ。

さて。遅くとも8世紀初頭には大陸から山梨へとブドウが渡ってきた。どこを通ってやってきたかというと、カスピ海付近のオリエント世界から中国経由ではるばるシルクロードを渡ってやってきたのであるよ。今でこそブドウは甘くて美味しいオヤツだが、当時はありがたいクスリだった。前述の大善寺にはブドウを持った薬師如来の像が残っている通り、神の慈悲であり、豊穣な大地のシンボルだった。

でさあ。そういうナイスすぎる食べ物だったら、お茶とか麹みたいに日本全国に広く伝播するはずじゃん。でもブドウはそうはならなかった。江戸時代までは、甲府盆地の一部の農家がお土産として売っていたぐらいで、基本的にマイナーな存在に留まっていた。

なぜ西の国々のようにブドウの文化が根付かなかったのか？

答えはシンプル。ワインの文化が根付かなかったからだ。

ワインは酒にあらず

ワイン大国フランスやイタリアに行くと、ビジネスランチの場で当たり前のようにワインを飲む。スーパーに行くと、ミネラルウォーターとまあまあのワインの値段が同じくらいだったりする。この文化において、ワインは水のようなものだということを実感する。それは「みんなワインを水のように飲むほど酒が強い」ということではなく（それもあるけど）、歴史的に見てみればワインこそ「安全に喉の渇きを癒せる液体」だったのだよ。

甲州ワインの発展に尽力した山梨のレジェンド、麻井宇介[※3]が東西のワインを比較したうえで興味深い指摘をしている。

「ワインの現象は、かくして、人間が酔いを求める以前の渇きとかかわる果汁であって、次のブドウの収穫を待つ一年の間飲みつなぐために、保存に堪える姿になったものをいう。醗酵は保存性を高め、肉食との調和を一層深める」[※4]

この本をここまで読み進めてきたアナタならもうおわかりのはずだ。

ワインは「腐らない安全なブドウジュース」であり、乾いて水も少ない土地における貴重な水分源であり、さらに牧畜文化が生んだ肉料理にもマッチする。キリスト教において、パンはキリストの身体、ワインはキリストの血だ。これはどっちも西洋における発酵文化の核心を示している。麦を発酵させて主食とし、ブドウを発酵させて飲料とする。それが貴重な食料の保存性と健康保持機能を高めるための必然的なソリューションだった。家畜の肉汁と血をパンで拭き取り、ワインによって消化を促進する。獣臭さをワインの渋みで中和する。ワインは単なる嗜好品を超え、西の世界における食文化のベースになったのであるよ。

一方日本はどうかというと、そこら中から豊富な水が湧き出し、肉を食べない。つまりワイン飲む必要ナシ！　そりゃ大根の漬物には米を醸した酒がだんぜんマッチする。魚卵の塩漬けにブルゴーニュの高級赤ワインを合わせたら確実に味覚が地獄行きになる。

かくして日本ではブドウ、そしてワインの価値は発揮されず、マイナーな存在として歴史の表舞台に立つことはなかった。日本においてブドウの文化にスポットライトが当たるのは、明治の文明開化以降。舞台はもちろん、山梨だ。

テロワール（風土性）とは何か

文明開化から間もなくの１８７７年（明治10年）。高野正誠と土屋竜憲という2人の青年が山梨からフランスへと渡り、ワイン醸造を学んだところから日本のワインの歴史が始まった。

ワインは日本人の口に合う洋酒だったらしく、ビールと並んで最初に日本で根付いた洋酒文化となった。そして2人の青年の故郷である甲府盆地は日本における最初で最大の国産ワインの醸造地となった。理由はもちろん、原料となるブドウの栽培地だったからだ。

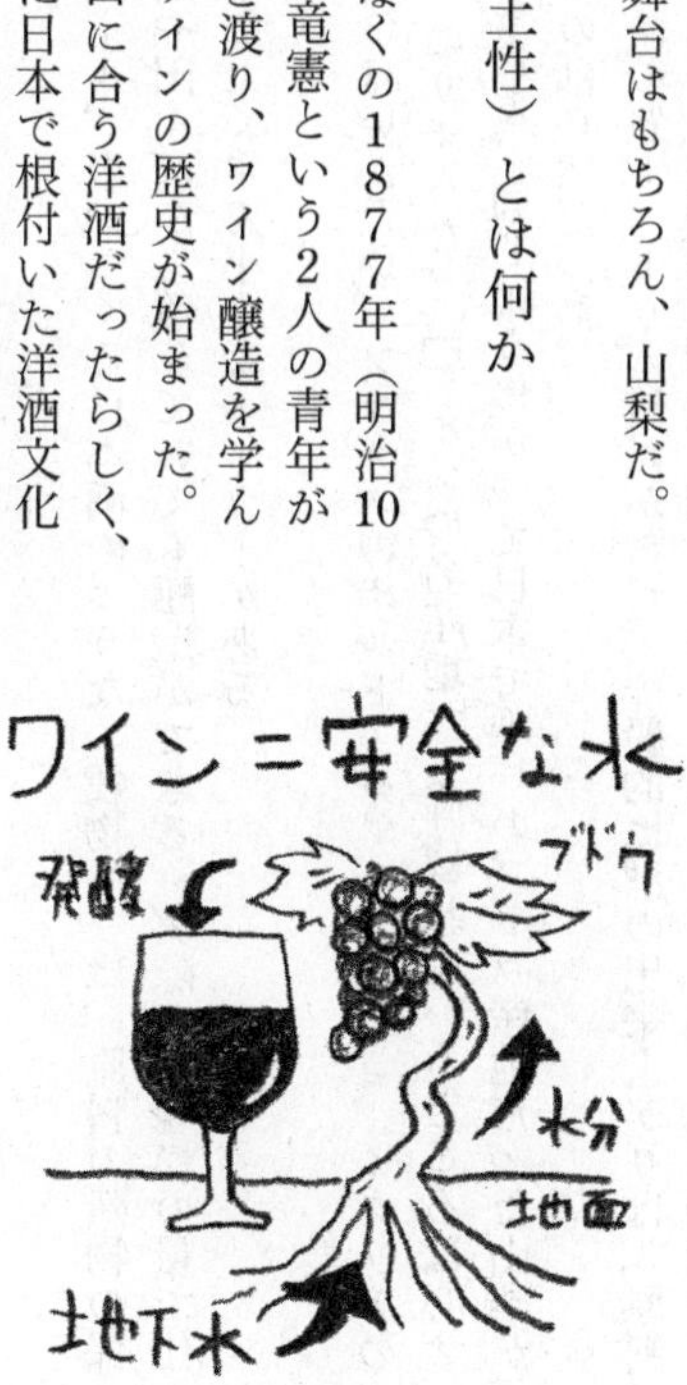

さて、ここからいよいよワインの話を始めよう。

ワインはブドウからつくる「果実酒」だ。果実酒の醸造は、果実の栽培地のすぐ近くでないといけない。なぜなら、果汁が新鮮なうちに仕込まないと美味しい酒ができないからだ。

一方、麦でつくるビール、米でつくる日本酒のような「穀物酒」は、原料の穀物の保存性が高いので、麦畑や田んぼから離れていても醸造ができる。実際に小規模の量で仕込めるビールは都市部にたくさん小さなメーカーがある。

ところがワインはそうはいかない。フランスのボルドーやブルゴーニュ、イタリアのピエモンテ、スペインのリオハなど「ワインの名産地」と呼ばれているところは必ず「ブドウの名産地」でもある。同じようにかつて日本で唯一のブドウ産地だった山梨がワインの名産地になるのは必然だった。

それはなぜか。ワインの質＝ブドウの質だからだ。一般的に酒の出来上がりは「原料の質」と「醸造技術」のかけ合わせで決まる。日本酒の場合は原料の質と醸造技術が五分五分くらいのバランスで酒質が決まる。最新技術を取り入れてつくっている蔵はもっと醸造の割合が高い。醸造工程が複雑なぶん、人間が工夫できる余地がたくさんあるのだね。

対してワインは原料8：醸造2くらいだろう。醸造家によっては「ほぼ原料のブドウで決まるね」と断言するぐらい、圧倒的にブドウの質が酒の出来に関与する。つまり人間が関与する余地が少ないということだ。

つまるところ「ワイン醸造＝農業」とすら言える。美味しいワインを生み出すブドウをどのように育てるのか。そこにワイン醸造の本質がある。ということはだ。腕利きのワイン醸造家は「自分でブドウを育てる」のであるよ。日本酒の醸造家は必ずしも自分で米を栽培する必要はないが、ワイン醸造家がブドウを触らないのは通常考えられない。ワインの醸造を始める前に、日々ブドウの様子を見てワインの出来を高めていく。だからワイン醸造家はブドウの栽培地に住む「ブドウ農家」としての顔を持っている。

このように、ワインは原料のブドウの栽培地で生まれる。それは別の言葉で表現すれば、ワインはブドウの生まれる風土から逃れられない、ということだ。これがワインを評するときによく言われる「テロワール」の正体だ。

ワインの質＝ブドウの質＝土地の質、つまりテロワールなのだね。

甲州ワインの独自性

さて。では甲州ワインの独自性とは何なのだろうか。その要素を大きく分けると、

【風土性】半分ヨーロッパっぽくて、半分日本っぽい地形と気候
【ブドウ】シルクロードから渡ってきた甲州ブドウで仕込む

この2つの特徴に分かれる。

まず風土性（テロワール）から行こう。僕の住む甲府盆地は、いわゆる日本の里山とひと味違った不思議な景観をしている。坂道だらけで、あちこちに岩肌が露出している。道は積石で舗装され、背の低い果樹畑が延々と続く。朝夜と昼間の寒暖差が大きく、夏暑く冬寒い。山から盆地に風が吹き込み、空気は乾いている。丘の上にワイナリーやワインレストランの瀟洒な建物がそびえているのを見ると、まるでフランスの田舎にいるような感じもする。

とはいえ、ほんとにヨーロッパっぽいかというと、基本はやっぱり日本なんだよね。梅雨はそれなりにジメジメするし、冬にはぼた雪が降り積もり、豊かな河川がいくつも流れている。水気がいっぱいあって、地面を焼き尽くすような凶悪な日照りもない。スペイン中部の不毛の赤い大地にオリーブとブドウの樹がポツポツ生えるだけ……という厳しい世界とは違う。

この「半分ヨーロッパっぽくて、半分日本っぽい」という気候がブドウの生育とクオリティに絶妙な影響をもたらすのだね（詳しくは後述）。

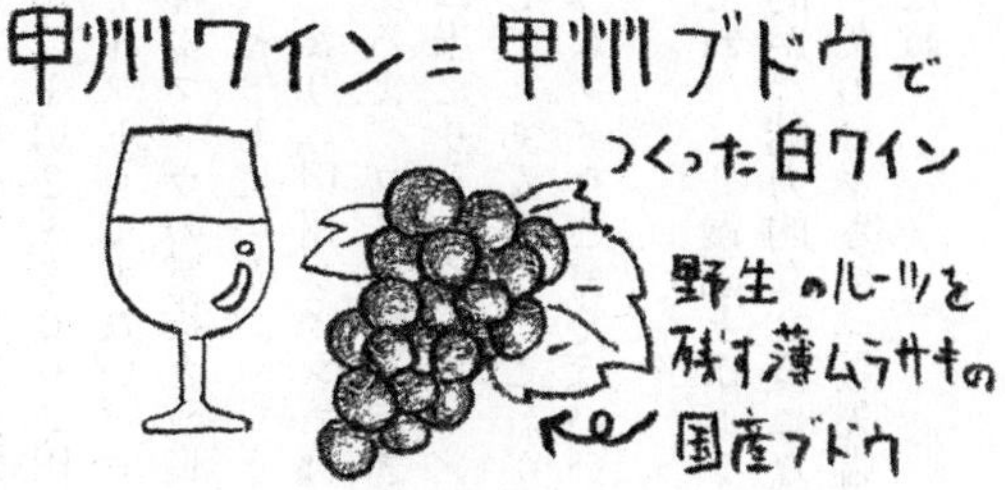

次にブドウについて。甲州ワインの独自性を最も端的にあらわしているのは、１３００年前に大陸から伝わった「甲州ブドウ」を使って仕込んだ白ワインだ。もちろんヨーロッパやアメリカから輸入したブドウ種を使ったワインもたくさんあるのだが、甲州ワインと言えばとにかく「甲州ブドウを醸した白ワイン」なのであり、甲州ブドウの存在こそこの土地のワイン醸造家にとっての誇りなのだ。

この甲州ブドウ。一言でいえば、あまり人の手が入っていない素朴なブドウだ。

フランスやイタリアでは「ワイン用にチューンナップされたブドウ」を使ってワインを仕込むことがほとんど。輸入ワインのボトルに書いてある「カベルネ・ソーヴィニヨン」とか「シャルドネ」というのは、「ワイン用にチューンナップされたブドウ」[※5]の名前だ。

対して甲州ブドウは、別にワイン用にチューンナップされていない。ついでに果物屋さんで1房2〜3000円で売られているような、めちゃ甘くて皮まで食べられるデザート用ブドウでもない。ヨーロッパが数百年かけてワインやデザートにあうように優良品種のブドウの選抜と改良を繰り返していたあいだ、甲州ブドウはずっと野山の片隅でぼんやりしていた。

つまり「甲州ワイン」は、古代世界の名残を残すタイムカプセルのようなブドウなのであるよ。ワイン醸造向きの凝縮された甘みや渋みもなく、デザート向きの高級感のある口当たりもなく、ワイン用としては大粒、デザートにするには小粒。超ド田舎から上京して「あんら〜、これが現代社会ってもんだっぺか〜」とビックリしている田舎娘のようなブドウと言えばいいだろうか。

でね。よく漫画とかドラマで「ダサい田舎娘が腕利きプロデューサーに見出されて個性的かつ魅力的な女優になる」みたいな話あるじゃないですか。現代における甲州ワインってのはまさに「最先端を知る醸造家にプロデュースされる田舎娘」みたいなもんなのだね。

「日本的ワイン」の源流

さあさあ。ここから話が面白くなってくるんだぜ。

僕のご近所のワイナリー、山梨市の旭洋酒（ソレイユワイン）の鈴木剛・順子夫妻をガイドに、「日本的ワイン」の本質に迫っていくことにしよう。

旭洋酒の歴史は、山梨のワイン文化が辿った歴史だ。

戦前にブドウ農家達が共同で設立したワイン醸造所を、２００２年に県外で醸造学を学んだ鈴木夫妻が引き継いだ。つまり、文明開化以降のクラシックを、新世代の醸造家がモダンに生まれ変わらせた。旭洋酒は日本的ワインのルーツを紐解き、同時に未来を見渡すのにピッタリの存在なのさ。


かつての旭洋酒は、ブドウ農家が共同で出資して運営する「ブロックワイナリー」と呼ばれる醸造所だった。食用で売るのに適さない半端なブドウをワインに変えて活用するのが主な目的だったらしい。明治～戦後しばらくまでは、山梨でワインといえば農家が兼業でつくる「葡萄酒」のことだった。

この頃のワインはだいぶおおらかな方法で醸されていた。ブドウを圧搾機で搾った汁に大盛りの砂糖を入れ、ブクブク発酵した頃を見計らって「もう飲めそうだな」と思ったらビンに詰める、という超絶素朴な醸造法であり、これはつまり「農家のどぶろく的ワイン」と言ってしまっていいのんびりさだ。

このおおらかさを理解してもらうために、現在において一般的なワイン醸造をざっと説明しよう。工程としては、

①適切なタイミングでブドウを摘む

〈白ワイン〉

②圧力でブドウ汁（白）を搾る
③搾ったブドウ汁の上澄みを抜き取る
④ブドウ汁（白）を発酵
⑤ブドウ汁の澱を取り除いて濾過
⑥適切な期間タンクのなかで熟成させて味を
　整える
⑦ワインの濁りを取り除き、瓶詰めのち出荷、
　またはさらに熟成

〈赤ワイン〉

②果皮と種を一緒にブドウ汁を発酵
③適切な圧力でブドウ汁を搾る
④ブドウ汁（赤）を発酵
（⑤⑥⑦の工程は白ワインと同じ）

前述のどぶろく的葡萄酒と比べるとかなーり複雑かつ精密な醸造法であることがおわかりだろうか（特にブドウの皮と一緒に発酵させる赤ワインは複雑な工程を必要とする）。

ポイントは「適切に」という表現。醸造家は、自分がデザインしたいワインの味をイメージしながら、ブドウの収穫タイミングや搾り方や酵母の選定や発酵・熟成の温度や期間を細かく調整していく。この細かなテクニックの積み上げでワインの仕上がりが変わってくる。もちろん基本はブドウ自体のクオリティなのだが、ブドウの潜在力を最大に引き出すのが醸造家の腕なのだね。

このような複雑精緻な醸造法は、フランスやイタリア等のワイン大国で数百年かけて洗練されたものだ。最高のブドウを栽培し、最高のテクニックで醸造し、最高の価格で売る。

最高×最高×最高のトリプル原理により、ワインは国際市場において単なる酒であることを超え、美術品のような地位を獲得した。バブル期に日本のお金持ちたちは、ゴッホやシャガールの絵画を買うように、ボルドーやブルゴーニュの高級ワインをオークションで競り落としたが、これは「最高の美術品を買う」という意味では同じような行為だった。ていうか１本１００万円のワインとかマトモな神経で飲めねーよ！

さて。「美術品としてのワイン」がもたらされる前までは、日本＝山梨のワインは「農家のどぶろく」だったのであるよ。とりあえず発酵して酒になっていればＯＫ！　ブドウの質をごまかすために大量に砂糖を入れる（ブドウの糖度が低いと酵母がうまく働けない）。当然甘ったるい飲みくちになり、高級ワインのような味の深みもコクもない。これが昭和までの日本のワインの実態だ。

僕が山梨に来て一番ビックリしたのが、自分の知っているオシャレなワイン文化とはかけ離れた「地酒としての葡萄酒文化」だったのだね。夕方、ステテコ姿のおじちゃんが、ナイター見ながらちゃぶ台でワインを飲む。ビンは日本酒用の一升瓶。そいつを湯呑みにドクドク注いで、マグロの刺し身とかお漬物にあわせてゴクゴク飲む。その光景を前にして、

「何だこれは！」
「こんなものをワインと呼んでいいのか？」
「もっと世界基準に沿った本格派ワインをつくったほうがいいのではないか？」

となったのが、高度経済成長期以降のこと。そう、日本がお金持ちになって「美術品としてのワイン」を嗜むようになった時期と符号する。かくして80年代以降、山梨の先進的ワインメーカーはこれまでのどぶろく的葡萄酒を捨て、世界で通用する本格ワインへ

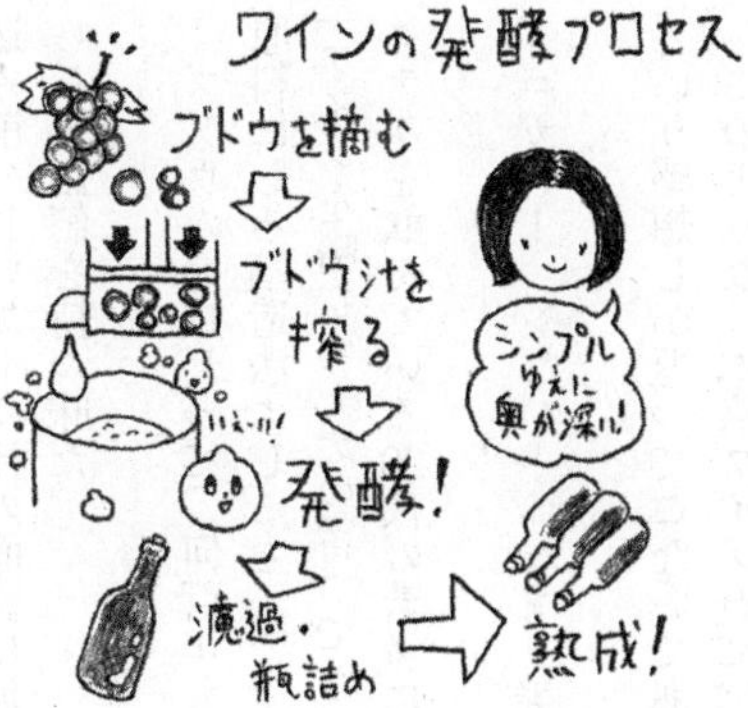

の道を歩み始めることになった。

世界基準の本格ワインとは何なのか？

世界で通用する本格ワインとはそもそもどんなワインなのだろうか？

フランスやイタリアにおける「ワインの最高峰」とは、ボルドーやピエモンテなどの名産地のなかでもさらにとびきりの畑のブドウを長期熟成させた「フルボディのヴィンテージ赤ワイン」のこと。完熟して糖分がギュッと凝縮されたブドウ汁を、果皮の渋みとともにしっかり発酵させる。発酵過程でできる強烈な酸味や渋みを、何年も熟成させることでまろやかなコクへと昇華させ、原料のブドウにはない熟成香が香る高級酒だ。

僕も何度かこのてのワインを飲んだことがあるのだが、飲みくちは水のようで、舌に載った瞬間に渋みとふくよかさが入り交じった分厚い味と、複数種のフルーツとスパイスが混じったような香りが弾け、それが喉を通る瞬間にぱっと花開いた後に余韻となって広がる……と書いているだけでアタマがこんがらがるものすごく複雑な味がする。もはや仕込み前の甘いブドウ汁の面影は消滅しているし、自然のままの味から遠く離れているからこそ価値を持つ味だ。

ブドウの種類だって、何百年ものあいだ品種改良され続けてきたワイン専用ブドウだ。原料にしろ醸造法にしろとんでもないレベルの高さなのであるよ。しかもこの味わいは「ワインを嗜むオトナの舌」でないとその良さがわからない。ふだんチューハイとかカクテルを飲んでいる20代の若者にこの種のワインを飲ませても、

「ニガい！　シブい！　つまり美味しくない！」

という感想しか返ってこないであろうよ。

このような「本格ワインの文化」は、つくり手のワイナリーの質を上げることはもちろん、飲み手を育てることなしには根付かない。端的に言ってものすごく難しいチャレンジだ。

この無謀な試みに挑んだのが、さっき引用したワイン界のレジェンド、麻井宇介だ。

このワインおじさんは山梨の若いワイン醸造家たちと一緒にヨーロッパのワインを研究し、メルローやシャルドネのようなヨーロッパ種のブドウを栽培し、しっかり発酵・熟成した本格ワインづくりに挑戦した。発酵が終わり次第出荷する一升瓶[※6]１０００〜２０００円のワインから、フルボトルで５０００円以上する長期熟成ワイン。ステテコ姿のおじちゃんではなく、仕立ての良いスーツやドレスを着た紳士淑女が嗜むワイン。農家がつくる葡萄酒ではなく、醸造家がつくるワイン。

　これが甲州ワインの第二世代。世界に挑戦する日本ワインの幕開けだ。

　話をふたたび旭洋酒に戻そう。

　大学で醸造学を学び、本格ワインの真髄を知る鈴木夫妻はもちろん山梨ワイン第二世代以降の醸造家。しかしヨーロッパ型の本格ワインを志向しているかというとそうではない。彼らが目指すのは「モダンな醸造法で、クラシックな甲州ワインを醸す」という温故知新スタイルなのであるよ。

　第二世代の醸造家たちの努力が実り、２０００年代に入って甲州ワインが国際的に評価されるようになった。しかしそれはワイン専用ブドウで醸したフルボディの長期熟成ワインではなく、土着の甲州ブドウで醸した素朴な味わいを残す白ワインだった。

　トッププレイヤーの真似ではなく、自分たちのルーツを活かした個性が評価されたのだね。

ここからは僕の個人的な見解になるよ。

麻井宇介が起こした国産ワインのイノベーションにおいて意味があったのは、ヨーロッパ型の本格ワインづくりではなく、土着ワインのリデザインだった。最先端のワイン技術によって、甲州ブドウの潜在力が引き出され、真の意味での「日本的ワイン」の可能性が開けた。

そして旭洋酒は、土着ワインのリデザインに挑む「甲州ワイン第三世代」の旗手なのだ！

甲州ブドウが醸造家の創造性を開花させる

それでは旭洋酒のワインづくりの現場に迫ってみよう。

まず原料のブドウ。主要ラインナップである白ワインの原料である甲州ブドウは近所の農家さんから仕入れている。一方、赤ワインや限定酒の原料となるメルローやピノ・ノワールなどのヨーロッパ種のワイン専用ブドウは自分たちで栽培している。

仕入先を分ける理由がまた面白い。ワイン専用ブドウは、ワインをよく知る人でないと質のよいものがつくれないので、醸造家自らがつくる。一方、甲州ブドウは農家の育てる昔ながらのものが良いと旭洋酒は考えているのだね。

これは単なるポリシーだけで済む話ではなく、技術的に考えてみても興味深いものがある。ワイン専用ブドウは、ワイン醸造に適した糖分や酸味、渋みなどが強く凝縮するのだが、樹になっている状態のものを食べても出来が判定できない（ていうかあんまり美味しくない）。だから、ブドウ自体の質を判定するには、ワインの質がイメージできなければいけない。したがって普通の農家では質の良いワイン用ブドウを栽培することができないわけだ。しかもワイン用ブドウはもともと乾燥した土地で生まれたので湿気に弱く、日本の湿っぽい風土だと病気で枯れたり天候に左右されて質が悪化したりする。

いっぽう甲州ブドウは食用ブドウなので、出来のよしあしはブドウをもいで食べればわかる。しかも、１３００年間ほったらかしの野生に近いブドウなので、病気にも比較的強く、乾燥にも湿気にも耐え、さらに秋の紅葉がキレイなので観光にもバッチリ！という一粒で何度も美味しい器用なブドウなのだね。

しかし、ことワイン醸造となるとこの「なんでもそこそこにこなす」という器用さが仇になる。まず標準的なワインのアルコール度数（12・5度）には糖分が少なすぎる。そして薄いムラサキ色の皮には渋みが少なく、フルボディの赤ワインをつくるのは無理。しかも長期間熟成に向いていない（味が深くなりにくい）。

つまりだ。最初からワイン醸造用に特化して進化してきたヨーロッパ型のブドウとくらべて「足りないもの」がたくさんあるんだね。

ここで皆さまに問いたい。レヴィ＝ストロースの言う「ブリコラージュ」の精神を発動させるものとは何か？

答えはもちろん「足りないもの＝制限」だ。甲州ワインの真髄とは、原料の甲州ブドウが絶妙に「突っ込みどころ満載」であることなのだよ。醸造家が工夫して補ってあげないと、ちゃんとしたワインとして成立しない。それは裏を返せば、醸造家の工夫が活かされる余地がたくさんある、ということだ。

旭洋酒で販売や広報を担当する妻の順子さんの語るところによると、甲州ブドウを使ったワインづくりにおいての工夫のしどころは次の3つ。

・ブドウを収穫するタイミング
・糖分の不足をどう補うか
・どこまでキレイにブドウ汁の清澄をするか

ひとつずつ解説していこう。

まずはブドウ収穫のタイミング。甲州ブドウはワイン専用ブドウと違って収穫期が長い。例えば甲州ブドウと同じく白ワイン用のシャルドネは、9月前半から中盤にかけてブドウが熟すと速攻で収穫しなければいけない。このタイミングを逃すと酒質が劣化する。

甲州ブドウは9月前半から10月終わりまで2か月間の収穫期がある。この2か月のあいだにいつブドウを摘むのかでワインの味が変わってくる。9月の早いタイミングで摘むと、酸味の香る澄んだ風味のワインになる。10月終わりの遅いタイミングで摘むと、食用ブドウらしいふくらみのある、穏やかで丸い風味のワインになる。

どちらにするかは、醸造家のセンス次第だ。正解はない。

次に糖分の不足を補う方法。南イタリアやスペインの強い陽射しをいっぱいに浴びて育つワイン専用ブドウには、酵母のエサとなる糖分がギュッと濃縮される。それをしっかり発酵させると、アルコール度数12~13度のワインができあがる。

しかし南欧よりもマイルドな気候で育つ甲州ブドウは、そこまで糖分を凝縮させることができない。したがって標準的なワインをつくるためには、糖分を補ってあげなければいけない(これを補糖という)。昔の農家のようにたくさん入れすぎると味がだれてしまうので、必要最小限の量を計算するのだが、この計算の微妙な差異がワインの味を左右する。

　最後にブドウ汁の清澄。発酵を始める前に搾ったブドウ汁の上澄みを抜き出す。底に沈殿した果実の内容物は基本的に捨ててしまうのだが、甲州ワインの場合は沈殿物をもう一度上澄み液に戻す。上澄み液だけだと、酵母のエサが足りず、元気のないワインになってしまう。そこで、ある程度沈殿物を入れるわけだが、これも補糖のテクニックのように絶妙のさじ加減が必要になる。旭洋酒の場合は「このブドウだと多分これぐらいの濁りかな……」と目分量ではかりながらポンプで沈殿物をタンクに戻す。めっちゃアナログ！

　このように、甲州ワインをつくるためには、甲州ブドウの食用ブドウとしての特性や足りないものを補うテクニックをいくつも重ねてワイン好きでも納得できる味に仕上げていく。

　この「足りないものを補う工夫」が必須である甲州ワインは、別の見方をすると「醸造家の個性を映し出すワイン」と言うこともできる。

　ワインに使用するブドウとしては突っ込みどころが多い甲州ブドウは漫才コンビの「ボケ」で、そこに「なんでやねん！」と突っ込む世話焼きの醸造家は「ツッコミ」だ。ボケとツッコミがお互いの良さを引き出して、愉快な漫才……じゃなくてワインになるのであるよ。

甲州ブドウはいわゆる優等生のブドウではない。だからこそ、醸造家の創造性を開花させることができる。甲州ワインは人と自然が二人三脚でつくりあげるブリコラージュの芸術なのだ。

「弱さ」から個性をつくりだす

土着のブドウからつくる農家のどぶろく的葡萄酒から、世界標準の本格ワインへ。その挑戦から、土着ワインのイノベーションという新たな流れが生まれる。甲州ワインの変遷を紐解くと「デザインにおけるイノベーションとは何か?」という本質的な問いが突きつけられる。

ワイン市場において、山梨は圧倒的に後発のプレイヤーだ。しかも同じ後発組のオーストラリアやニュージーランドのようにワイン専用ブドウを育てるのに適した気候ではない。普通に考えればそこには不利な点しかない。麻井宇介さんをはじめとする甲州ワイン第二世代はその弱みを克服するために尽力した。しかし、旭洋酒をはじめとする第三世代は致命的と思われた弱みを「自分たちにしかないオリジナリティ」に昇華させる道を見出しつつある。

試しに鈴木夫妻のつくる、甲州ブドウで醸した白ワインを飲んでほしい。ソーヴィニヨン・ブランのような鋭い酸味もなければ、シャルドネのような濃厚さやジューシーさもない。穏やかな飲みくちのあとに、子どもの頃におやつで食べたブドウのなつかしい香りが広がり、わずかに果皮のコクと種の味が後口に残る。余韻もひたすらに穏やかかつ爽やかで、甲州盆地を吹きぬけていく初夏のそよ風のような味わいだ。決して強い飲みごたえがあるワインではない。

しかしこの穏やかさと軽快さこそ、甲州ワインのイノベーションだ。それは何か？

「和食にバッチリ合うワイン」というイノベーションであるよ。

山梨には、街場のお寿司屋さんで甲州ワインを飲むという不思議な文化がある。そもそも海がない県なのに寿司屋がやたらいっぱいあるのも不思議なのだが、そこにビールや日本酒ではなくワインを合わせるというのもさらに不思議だ。新鮮なネタが入手しづらい山梨のお寿司は、美味しく食べるために酢や塩でシメたり、甘ダレを塗ったりして工夫する。そういう一手間かけたお寿司に、甲州ブドウで醸したワインが不思議にマッチする。とりわけ旭洋酒のような第三世代型のワインとのマリアージュは絶妙すぎて思わず「おおお、こんなワインの飲み方もアリなのか……！」と唸ってしまう。

お寿司だけでなく、焼き鳥やもつ煮込みにも甲州ワインはマッチする。穏やかな酸味とふくらみが、和食の甘味・旨味をブーストさせる。僕もふだんの家の食事は和食中心なのだが、肉じゃがでも秋刀魚の塩焼きでもほうれん草のおひたしでも甲州ワインでO

K。実に和食に寄り添ったワインなのであるよ。

甲州ワインは、１５０年前から根付く地酒の文化だ。山梨に暮らす老若男女がふだん飲みするのを前提につくられる。ふだん飲みにあわせるふだんの食事は、本格フレンチやイタリアンであるわけがない。ほっこりした和食によく合うワイン、フツーの日本人である僕たちの食卓にふさわしい「食中酒」こそ、甲州ワインの最大のユニークポイントだ。

本格ワインの追求を経て辿り着いた新世代の甲州ワインには「三ッ星フレンチレストランのシェフがつくった肉じゃが」的な面白みがギュッと詰まっている。深みのある重厚なフルボディのワインにおいて、本場のフランスやイタリア、あるいはアメリカ大陸のワインには敵わないかもしれない。しかし本場のクオリティを知ったうえで、自分たちにふさわしい新たなモノサシをデザインすることはできるかもしれない。

こういう換骨奪胎のテクニックこそ日本の食文化の特徴だと言えないだろうか。中国から渡ってきたラーメンはすでに日本独自のカテゴリーになり、インドから渡ってきたカレーも旨味甘味がインストールされて国民食となり、イタリアから渡ってきたスパゲッティにたらことか明太子とか海苔をまぶして〝ZEN〟な麺食文化にアレンジしてしまった。

ワインもきっとこれから同じような道を辿るのだろう。近い未来、ラーメンのように海外のグルメ好きがわざわざ山梨まで寿司屋でワインを飲みに来るかもしれない。後発だからこそ、実は「新しいモノサシ」をつくれる可能性がある。これが弱さからイノベーションが生まれる可能性だ。

旭洋酒の直売所のカウンターでおしゃべりをしていると、いかにもワイン好きの中高年が来ることもあれば、近所の野良着を着たおじさんおばさんも来るし、僕のような若い美味しいもの好きも来る。昔ながらの地酒としての評価もワイン通からの評価も高い、不思議な立ち位置のワインだ。人懐っこいのに、ちゃんと主張がある。この土地から生まれたという自負があり、同時に世界標準の本格ワインとの距離をきちんと把握している謙虚さもある。

弱みから個性が生まれることがある。不足から発想の転換が生まれることがある。辺境からイノベーションが起きるのには理由がある。１５０年かけて甲州ワインは「アジア屈指のガラパゴス進化種」[※7]として世界の舞台に登ることになった。

それがにぎやかしとして終わるのか、それともワイン界に新たな価値観を根付かせるのか。歴史と風土を呪縛と捉えるか、あるいはイノベーションの起点と捉えるか。未来はこれからの世代を生きる僕たち次第だ。

普遍の美は書き換え可能である

章の最初に「美に普遍性は存在するのだろうか？」と問いかけたのを覚えているだろうか？　これは美術だけの問題ではない。嗜好品の代表格である酒の文化にも当てはまる問題だ。

「唯一普遍の美味しさ、絶対至高の酒は存在するのか？」

様々な酒を飲み、各地の醸造家たちの美学に耳を傾けるうちにこの「唯一普遍」という概念が揺らいでいく。ブルゴーニュの赤ワインに牛肉のシチューを合わせるのと、甲州の白ワインに寿司を合わせる体験は同じモノサシで比較できるのか？

そりゃあ無理ってもんですよ、奥さん。「美」ってのは「愛」と同じようなものなんですわ。真の愛ってのは、その時、その瞬間、奥さんとワタシだけのあいだに生まれる一瞬のさざなみのようなものでございましょう？ 何が本当で、何がウソかは他の誰にも決められない、ワタシたちだけのヒ・ミ・ツ！

……と、思わず昼ドラに出てくるアヤしいおじさんみたいな口調になってしまったが、酒における美味しさが生まれるのは、突き詰めれば「味わう各人のセンスのなか」ということになるわけだ。ピカソの絵を美しいと思うか、子どもの落書きだと思うかは見る人物次第。

「美」は物理現象ではない。僕たち人間固有のセンスのなかで起きる「一瞬のさざなみ」、もっといえば「ヴァーチャル・リアリティ（仮想現実）」なのであるよ。そういう意味では、ダ・ヴィンチの人体図における「黄金比」もひとつの「信仰」にしかすぎないと言える。フランスやイタリアの本格ワイン神話も、シャトー・ラフィット・ロートシルトやロマネ・コンティの美味しさも本質的には僕たちの認知構造が映し出す仮想現実なのかもしれない。

もしそうであるならば。人間にとっての美しさは常に「書き換え可能」なはずだ。絶対的だと思われているモノサシも、時代が変われば別のものに取って代わられているかもしれない。美は「すでにある」ものではない。「デザインする」ものだ。

さあ。ではその「一瞬のさざなみ」のカラクリを、今度は日本酒で掘り下げてみようではないか。

日本酒の発酵原理

突然ですが、日本酒ってどんなイメージ？

「えっと……おじさんがパックで飲んでる安いお酒？」

「うーんと……評論家っぽい人が難しい顔で飲んでる高いお酒？」

「あー、最近若い女の人がワイワイ言いながら飲んでるオシャレなお酒？」

はい。ぜんぶ正解。この２０１０年代ほど、日本酒の価値観が多様になっている時代はない。おじさんも評論家もオシャレ女子も日本酒が大好き。

けれど、みんな同じ日本酒を飲んでいるわけではないのだね。食文化と業界の変遷により、日本酒のデザインも飲み手の美意識とともに変わっていったのさ。

まずはざっと日本酒の醸造法を説明しよう。

ブドウ汁を酵母で発酵させるだけのワインと違って、日本酒の発酵過程はけっこう複雑。でもポイントを押さえればシロウトでもちゃんと理解できる。コラムで解説した「糖分を酵母に食べさせてアルコールをつくる」という基本の原理をイメージしながら読み解こう。

①日本酒用に栽培したお米を収穫・精米する
②お米を蒸した後に麹にして、お米のでんぷん質を糖分に変える
③麹と蒸したお米を水に浸け、お酒のスターター（酒母）をつくる
④酒母のなかで、酵母が糖分を食べてアルコールに変える
⑤酒母に水と米を何度か足して酒の量を増やしていく
⑥全体の発酵が終わったら、米粒のモロモロ（醪）を搾って液体だけを取り出す
⑦液体を濾過して透明な酒（清酒）にして瓶詰め・出荷
⑧最後に取り出した液体を60℃強の温度で加熱して酵素（発酵）の働きを止める

これが最もスタンダードな工程。江戸時代中期に兵庫の灘という地域で完成した「清酒づくり」の方法論だ。ちなみに発酵した酒母をそのまま飲むのがどぶろく。水のなかに麹とお米を入れて数日間放っておくと野生の酵母が発酵して勝手にどぶろくになってしまう。日本酒ってのはつまるところ「手間をかけて洗練させたどぶろく」なんだね。

日本酒の醸造において特筆すべきポイントは2つ。

1つ目。菌をバトンリレーさせて発酵させること。麴菌による糖化↓酵母によるアルコール生成というように複数の菌を順番にリレーさせていくことで、ただの米が酒に変わってしまうミラクル！　この方法論は東アジア圏にしか存在しないレアな「発酵カビ酒」の系譜だ。

2つ目。原料を何度も足しながら発酵を進めていくこと。全部一度に仕込むと、酵母が原料をうまく食べきれず、食べきれなかったものが雑味として酒に残ってしまう。ほら、フランス料理ってコースでちょっとずつ出されるから、いっぱいの量を残さず食べれるじゃん。あれとおんなじような話だ。酵母を気持ちよく発酵させるため、あえて手間をかけて仕込むんだね。

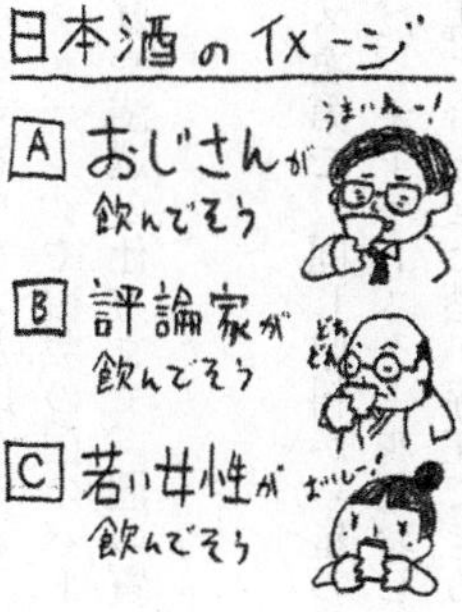

麴菌の糖化と酵母のアルコール生成の「複数の発酵プロセス」が、原料を段階的に足していくなかで、「並行して」進んでいく。これをギョーカイでは「並行複発酵」と言い、日本酒のユニークさを技術的に説明するときによく語られる。なんだけど、合コンの飲みの場で「今飲んでる日本酒は並行複発酵でさ……」とか言うと１２０％「なんだコイツ、気持ち悪い！」と思われるから注意するように！

さてこの日本酒づくり。ブドウのクオリティが全てを決めるワインと比べると、格段に複雑だ。原料のお米や水の質とは別に、麴づくりのテクニックや複数の菌のバトンリレーのタイミングや、原料の足しかた、さらには火入れや濾過の仕方まで、酒の質に影響する要素が数え切れないほどある。

ということはだよ。裏を返せば醸造家の腕前とセンス次第で、同じ原料から星の数ほどのバリエーションの日本酒を醸せるということなのだ。オールドスクールなおじさんからイマドキのオシャレ女子まで、様々な世代と価値観に合わせた酒が存在できるのは、日本酒特有の「醸造過程でのアレンジの幅」によるところが大きいのだね。

イミテーションからの再出発

原理を解説したので、次は日本酒におけるデザインの変遷を見ていこう。

日本酒の発酵プロセス
麹をつくる
色んな菌が関わってできる
水に麹と米を漬けて酒母にする
麹菌
乳酸菌
酵母
水
米
原料を足して発酵!
搾る
濾過
瓶詰め

江戸時代に確立したスタンダードな「清酒づくり」は、第二次世界大戦によって危機を迎えた。お米が貴重品になってしまって、酒なんかに使っている場合か！　という話になったのだね。そこでどうしたかというと、工業的に精製した糖分とアルコールをたくさん足すことで少ない原料から大量に酒をつくる方法を編み出した。つまり「発酵菌がつくるものを科学的に精製して入れちゃえば良くない？」という発想だ。結果的に3倍の量の酒を造れることから「三増酒」という名前がついた。これが食糧不足にあえぐ戦後の日本酒のスタンダードになる。つまり戦後の日本酒の歴史は「清酒のイミテーション」から再出発することになったわけだ。

さて。酒の主原料である米と水に糖分とアルコールを足した日本酒なのだが、味はペタッと甘くて、飲むとなんとなくツンとした感じが鼻を通る。ベタベタとした後味が残るのだが、これはなんというか「砂糖がいっぱい入った清涼飲料水」みたいな飲みくちなんだよね。現在では規制が改訂されて酒母を3倍にのばすような極端なものは姿を消したが、スーパーで特売している1800㎖パックで1000円！　みたいなお酒は三増酒の末裔と言っていい。

一見してあんまり美味しくなさそうなんだけど、飲むシチュエーションによってはなかなか味わいがあったりするんだよコレが。新橋のガード下の赤提灯（同じネタをしつこく引っ張ってすいません）のカウンターでね、こういう酒を熱々の燗酒にしてさ、ししゃもとか揚げ出し豆腐とかにあわせてクイッと飲むと、こうなんつうか、人生の機微？　みたいなもの感じちゃったりするわけサ。取るに足らないオレだけど、今この瞬間だけは、ああ、自分の人生を生きてるんだなあ……なんてサ、オマエと肩を並べてサ、グッときちゃったりするわけヨ。

はい注目！　さっきの質問の最初の回答「おじさんが飲んでる日本酒」の典型がコレですよ！　戦後の経済成長を支えたお父さんたちが愛したこの種の酒は、今日でも日本酒の生産量の半分を超えている。人間の味覚はけっこう保守的で、若い頃にこの酒に慣れ親しんだお父さんたちは、おじいさんになってもいまだにこの味が好きだ。「高級な味」ではなく「なじみの味」のほうが美味しい！　と思うのはおじさんの味覚の特徴なのであるよ。

ちなみにこの「おじさん酒」は、冷やして飲むとツンとした感じが際立ってしまってあんまり美味しくない。ホットにすると、甘さがふくらみに変わり、飲みくちもまろやかになってよろしい感じだ。僕も実は高級酒を飲みすぎた時に、街場の飲み屋さんでこっそりこの「おじさん酒」を愛でてほっこりしていたりするよ。おじさーん！

「淡麗辛口」の美学の誕生

高度経済成長期を迎え、日本がだんだんお金持ちになっていくとおじさん酒にライバルが出現する。例えばフランスやイタリアから輸入された本格ワインやブランデー、スコットランドから輸入されたスコッチ・ウィスキー、ドイツやベルギーから輸入された本場のビール、そしてその技術を徹底的に研究した国産洋酒の各種ラインナップがおじさん酒の前に立ちはだかった。お世辞にも高尚な哲学があるとは言えないおじさん酒は、技術と美意識の粋を尽くした洋酒文化に押されまくり、いつしか「積極的に選ばれる酒」ではなくなった。つまり嗜好品ではなくなってしまった。

その苦しい状況のなか、70年代後半に日本酒業界にイノベーションが起こる。主役は兵庫の灘や京都の伏見などの「日本酒の首都」ではなく、地方の老舗酒蔵だ。糖分やアルコールの添加をしない、昔ながらの酒造りでつくる本格日本酒で勝負だ！　どや！　と地方の酒蔵が「原点回帰」の旗印を掲げたのであるよ。

とりわけこの地酒ムーブメントを牽引したのが、新潟の酒蔵だ。八海山や久保田、越乃寒梅など、日本酒バーでよく名前を見る銘柄の多くは新潟の日本酒イノベーターたちのもの。この頃の日本酒は、ワインと同じく高級・本格・非日常志向でデザインされている。ベタベタして甘いおじさん酒の対極、澄み切ってドライな「淡麗辛口」のインターフェイスが採用された。この淡麗辛口を極めるために、ただの伝統回帰で終わらない工夫が導入された。

ひとつは「原料の米をめっちゃ削る」というオペレーション。これにより、お米の表面に多く含まれるタンパク質が除去され、酵母のエサの糖分をつくるデンプンを多く残せる。タンパク質がつくる雑味を消すことで、澄んだ風味を演出するわけだ。お米の50%以上を削って醸した超贅沢な最高級酒を「大吟醸酒」と呼ぶ。

次に「乳酸菌の関与を防ぐ」というオペレーション。これは伝統的な酒造りをもうちょい詳しく解説する必要があるので辛抱して読んでおくれ。酒母を発酵させるとき、実は野生の乳酸菌も発酵に関与している。発酵の初期段階で、乳酸菌が酸を出して酒母のpH値を下げて酸性にし、雑菌の侵入をブロックする（詳しくはColumn 2を参照）。酸性の環境をつくることで、酒をつくる酵母が他の雑菌に邪魔されることなく働けるようになる。乳酸菌は酵母の発酵をサポートする大事な存在だ。

しかしだ。この乳酸菌の働きもまたコントロールを間違えると酸っぱい雑味に変わってしまう。そこで「乳酸菌のつくる酸（乳酸）を精製して入れちゃえば雑味が消えるんじゃね？」という発想が生まれる。この時代の高級吟醸酒は多くが乳酸を添加する方式でつくられていた。この方法は酒母が速く発酵するので「速醸」と呼ばれる。

　最後に「菌を半殺しにする」というオペレーション。まず米を削るということは、麹菌のエサを削るということだ。しかも麹をつくる時にどんどん換気して米を乾燥させてしまう。すると成長に必要な水分を奪われた麹菌は、しょうがなく根っこ（菌糸）を米粒深くにもぐらせてなんとか生き延びる。すると糖分が凝縮した麹ができあがる。人間の都合で麹菌の正常な発育におせっかいするのだね。次に酵母を限界まで低い温度で発酵させる。酒の酵母はふつう20℃以上で元気に働くのだが、マックス10℃以下まで温度を下げる。すると酵母はゆっくりとしか発酵できなくなり、その結果できあがる酒の雑味が消え、香り高くなる。

　少年漫画でよく「幼少時から過酷な環境で育てられて超強くなったヒーロー」という設定があるが、それと同じような原理だ。菌を半殺しにすると、スーパーな高級酒ができる。

　あの手この手で雑味を消した香り高い「淡麗辛口」の高級酒。飲みくちはまるで雪解け水のようで、舌のうえでメロンのような甘い香りが広がり、喉にスッと消えていき、華やかな余韻が残る。こりゃ確かに上質感あるわ。おじさん酒を軽自動車だとすると、淡麗辛口酒はポルシェのごときラグジュアリー感！　こりゃもう一晩でもその素晴らしさを語りたくなるってもんだ。日本の誇るべき伝統、匠の技、米と水の芸術……日本酒こそ我が国の発酵技術の粋なのよ。お分かりかね？はい注目！　さっきの質問の2番目の回答「評論家が飲んでる日本酒」の典型がコレですよ！　確かに淡麗辛口の吟醸酒は鑑賞用には素晴らしい。その技術的な工夫はついついウンチクとして語りたくなるし、いくつもボトルを並べて飲み比べしたくなる。高級割烹の新鮮なお造りとか旬の野菜に合わせたらもう悶絶するほど美味しいわけで、「安っぽい大衆酒」としての日本酒のイメージを完璧に覆した。これは偉大なイノベーションだ。

しかし……あえて僕は苦言を呈したい。冬の日本海の荒波に向かって叫びたい。

「こんな酒、毎日飲めるかー！」

だいたいだよ。高級割烹をふだんから食べてるのなんて、大企業のお偉いさんとか高級官僚とか一握りのエリート階級なんじゃないの？　僕なんておうちで焼きうどんとか湯豆腐とか食べて「うめーな！　たまんねえな！」とかホクホク喜んでるザ・庶民だよ？　その高級感とか透明感に見合うライフスタイル、手に入れられないままあの世に行くよ？　という疑念を拭いきれない。ていうか高級好きのおじさまたちに叱られる覚悟で言えば、この種の淡麗辛口の吟醸酒を飲むと「おお……時代を感じるぜ」という違和感がある。

昔のトレンディドラマの女優さんが着ている「ＤＣブランドの肩パッドが入ったジャケット」とか、イケメン俳優が持っている「有名ブランドのセカンドバッグ」とかを見た時の違和感を感じてしまうんだよ、ミレニアル世代はさ！

カジュアル・オシャレな日本酒

ということで。淡麗辛口な高級酒の次は、当然「普段飲みでも合わせられて、かっちゃんと高品質な日本酒」のニーズが高まっていく。つまりカジュアル・オシャレ酒。ヨウジ・ヤマモトの黒いセットアップを着ていたらカタギには見えないが、マーガレット・ハウエルの上質な白シャツなら普段着でもパーティの時でもセンスよく決まる。基本はプレーンで上質、しかし適度に華やかでセンスを感じる酒。それが昨今の日本酒のトレンドだ。

この流れをつくったのは、僕の私見では山形の酒蔵の力が大きいかなと。十四代やくどき上手から始まったこのトレンドは、米と水だけでつくった純米酒のフルーティな香りと上品なキレ、そして適度な旨味やふくらみを感じるバランスの良さがある。フォーマルにもカジュアルにも振り切れない、デートの勝負服にテーラードジャケットとＴシャツとジーンズをラフに合わせましたよ的な「オシャレ上級者感」がビシバシ伝わってくる。ムカつくぐらい粋！

日本酒は、ワインと同じく「食中酒」だ。つまり、食事と組み合わせてその真価がわかる。前述の淡麗辛口の高級吟醸酒は「合わせる食事にも高級感が要求される」という意味で、なかなかにハードルの高い酒だった。なるべく薄味の、素材のテクスチャーを吟味するような高級和食と合わせて「淡味の極致」を目指していくわけだが、これはもはや漫画『美味しんぼ』の海原雄山の至高の世界なのであるよ。

しかし昨今のカジュアル・オシャレ酒はけっこう汎用性が高い。家庭料理的な煮付けや魚の塩焼きや鍋物にもよく合う。もちろん刺し身とか鶏のたたきにも合う。なんならしゃぶしゃぶとかに合わせても美味しい。そしてものによっては中華とかタイ料理とかにもハマる。僕自身も試してみてビックリしてしまったのだが、その理由をマジメに考えてみるとだな、

- 甘味と旨味がある
- しっかり香るが、食事を邪魔するほどではない
- 飲みくちがソフトで、後口がスッキリしている

という特徴に思い当たる（もちろん銘柄によって個性はあるのだけれど）。

地酒ブームを牽引した淡麗辛口酒が高級・本格派に振り切れてしまったのに対して、カジュアル・オシャレ酒は雑味として退けられた甘味や旨味を上手に引き出して食中酒としてのバランスを取り戻した。しかし本格派としての香り高さや飲みくちの良さはしっかりキープしている。つまり新旧世代のいいとこ取りなわけだ。最新技術と醸造家の職人的感性を両方フル稼働させて「ふくらみがありつつ上品」という難しいバランスを実現している。

麹づくりの技術、酒母のコンディション管理、発酵自体のコントロール、全ての工程がものすごーくきっちり管理され、しかも醸造しているのはいかにもセンス良さそうな若いオシャレイケメンだったりする。最新設備を使うこともためらわず、そのくせ伝統にも通じている。なんかもう……難しいウンチクはもういいから、ただただこの美意識と陶酔感に身を任せたい……そして食も進む。愉悦！もはや愉悦の境地！

はい注目！　ふだん食べているものにも合って、オシャレとくれば、そりゃあもう感度の高い女性が放っておかないね。さっきの質問の最後の回答「女の人がワイワイ飲んでる酒」の典型がコレですよ！　僕も最近イケてる日本酒をみんなで飲むイベントをやったりするのだが、お客さんの7割くらいがセンス良さげな妙齢女子だったりするわけよ。

なぜかというとだな。まず美意識を感じること。そして自分の好きなやり方で楽しめること。美しくて、自由。これがナイスなんだ。ほら、美味しいと評判のラーメン屋でも、店主のオヤジが頑固で「私語禁止なんで」とか言ってたらストイックおじさんしか行けないじゃん。

おじさん酒→淡麗辛口高級酒→カジュアル・オシャレ酒への変遷は「日本酒の進化」の流れだと言える。酒質を高め、同時に普段の食卓にも合わせやすく、しかも楽しみかたの自由度も確保する。文化としての深みと多様性を実現しつつ、入り口のハードルも下げる。前の世代の成果を継承しつつ、達成できなかった課題を克服する。若い世代や海外のファンもどんどん増え、日本酒の未来は明るい方向へ開かれつつある。

日本酒におけるルーツの復活

日本酒は確かに進化している。しかしそれは「一直線の進化」なのだろうか。昨日のものを今日の進歩が超えていく。そしていずれは明日に追い越される。常に「最新こそが最良」という歴史観でよろしいのか？　と文化人類学の徒である僕は疑問を持ってしまう。

「過去は否定され、トレンドに沿うものだけが生き残る」

あるいはその進歩史観の逆張りで、

「伝統を守り、伝えていく」

みたいな環境保護団体じみた頑《かたく》なさも面白くない。どっちでもない第三の道があるんじゃないの？ と思ったら、ちゃんとあったんだよ。斜め上の角度から切り込んでくる

「野生の酒」が。

成田空港の近くに位置する、千葉県神崎町に江戸時代から24代続く寺田本家という小さな酒蔵がある。この本を進んで手に取るような発酵ラバーにはよく知られた「自然酒づくり」の筆頭格だ。と同時に、いわゆる本格派の日本酒好きが手を出さないことでも知られている非常にユニークな酒をつくっている。

結論から入ろう。僕は寺田本家の酒が好きだ（ちなみにおじさん酒も淡麗辛口酒もカジュアル・オシャレ酒も好きだ）。そのおおらかな味わいと、麹の力がギュッと濃縮された風味には、従来の日本酒観を覆す面白みが詰まっている。絵画でいえば、アンリ・ルソーやバスキアみたいなアヴァンギャルドさと土臭さが同居した愉快かつ痛快な味なんだよ。

寺田本家の酒造りの特徴は、江戸時代に兵庫の灘で確立したスタンダードをさらに遡る、超土着の醸造法を取り入れたところにある。現代のダブミュージシャンがレゲエを飛び越えてスカやロックステディにトライするような感じだ（音楽好きにしかわからない例えですまない）。その特徴とは、

・米を削らない。何なら玄米を使う
・野生の菌を使う
・雑味や酸味を激しく許容する

この3つ。順番に解説していこう。

まず米。寺田本家の主要銘柄は、米をほとんど削らない。淡麗辛口酒の真逆の方法だ。米を削らないと、米の表面付近にあるタンパク質が残るため、麴菌の分解酵素によってアミノ酸などの旨味成分が多く発生する。これは発酵を進めるなかで雑味に変わり、酒の色が濁ったり、飲みくちが重くなる原因となる。しかし寺田本家的にはそれでオッケーなのであるよ。なかには全く精米しない玄米から醸した酒まである。これは、奈良〜室町の中世の時代に記されているとびっきりオールドスクールな方法論だし、玄米から麴をつくるのめっちゃ手間かかってムズカシい！

次に菌。現代の酒づくりにおいて、発酵の主役となる麹菌と酵母は業界標準のものを外から買ってきて使う。そして前述のとおり乳酸菌が働くプロセスは省略する（速醸）。しかし、寺田本家は地元の田んぼから捕まえてきた野良の麹菌、蔵に棲みついている野良の酵母で酒を醸す。もちろん酒母ができる時に自然発生する乳酸菌もウェルカムだ。業界標準よりも激しく野生の菌の力を引き出した酒造りなのであるよ。

最後に味。米の旨味を引き出し、さらにワイルドな発酵菌たちを使い、たぶん雑菌もいくぶんか混じっている寺田本家の酒は、なんかもうめちゃくちゃに複雑な味がするのだが、印象としては大変におおらかで、過激なくせにほっこりする。日本酒の直線的進化が「澄んだ酒」に向かったのに対して、寺田本家は中世の「濁った酒」のリバイバルを成し遂げてしまった。

この「濁った酒」の楽しさは澄んだ酒が切り捨てた「麹の旨味」と「酸味」にある。日本酒の直線進化のなかで麹の旨味は雑味として、酸味は雑菌汚染として排除された。

しかーし！　この旨味と酸味が、なぜか新しい日本のライフスタイルにマッチしてしまうのだよ。忘れられたはずのルーツミュージックをイマドキのカフェでＢＧＭにしたらなぜかハマってしまうことってあるでしょ。そういうアクロバットが日本酒業界でも起こっている。野生の菌や玄米の力を引き出した「自然酒づくり」への挑戦は、少なからぬ数の若い醸造家たちを魅了し始めている。コントロールしづらい野生の自然の力を借りて酒をつくるのは、リスクもあるが他のどの蔵にも似ていないユニークな酒を生み出せるメリットもある。面白いことに、醸造技術や微生物学の進歩は「ルーツ酒のリバイバル」を促す効果もあった。現代的なテクニックで、ルーツを再構築する……ほら、なんかイマドキのミュージシャンみたいだよねえ。

アートに触れる喜び

深入りすればするほど、酒造りの世界はアートなのだと実感する。

そもそも酒が嗜好品なのもあるが、もっと深い意味で言えば「人間の感性」と「自然の特性」がぶつかり合う様がまるでアートにおける美の発生のメカニズムを思わせるのだよ。

19世紀後半から20世紀前半にかけて、絵画の世界において激しいイノベーションが起こった。その端緒になったのが「印象派」の誕生だ。それまで写真のようなリアルさを追求していた西洋絵画のスタンダードに対して「カタチのリアルさ」ではなく「感覚のリアルさ」を追求したのがモネやゴッホ、ルノワールなどの芸術家たちだ。

例えば、ルノワールの名画『ムーラン・ド・ラ・ギャレット』を見てみよう。広場でパーティを楽しむ人々に、シャワーのように木漏れ日が降り注いでいる。この絵をじっと見つめていると、初夏に木陰でゆらめく陽の光とそよ風に身を晒しているような、視覚を超えたリアルな身体感覚を追体験できる。ある一瞬を切り取った静止画ではなく、光と風が移ろう動的な視覚体験であり、同時に自然環境とのインタラクション（相互作用）の再現。今風に言えばこれは「VR《バーチャルリアリティ》（仮想現実）」的な絵画なのであるよ。

印象派の絵は、従来のアカデミックな絵画と比べると視覚的な再現性は低いと言える。筆致は粗く、ルネッサンス以降の西洋絵画が追求した立体感や遠近感を半ば放棄している。つまり表層的な情報密度がスカスカで、素人の描いた絵のように見えなくもない。

しかしこの「情報の不足」は、それを補おうとする人間の認知補正を誘発する。非リアルな情報を自分のイメージのなかに取り込み、脳のなかでリアルに加工し直して認知する。この「加工のし直し」のプロセスこそが、仮想現実的な身体感覚を生み出す。画家が捉えた自然の姿を、見る人のなかで再構築する。ルノワールが捉えた木漏れ日が、僕がかつて代々木公園で捉えた木漏れ日に変換される。つまりルノワールの認知した自然と、僕の認知した自然が相互作用を起こす。僕は僕の認知機能を駆使して、ルノワールの認知したであろうイメージや感覚をリバース・エンジニアリング[※8]していることになる。

『ムーラン・ド・ラ・ギャレットの舞踏会』ルノワール

写真技術が誕生したことによって「客観的視覚表現」は写真家の領域となった。すると画家がやるべきことは「主観的認知」を表現することになる。これは言い換えれば「普遍性を捨てる」ということを意味する。万人にとってのリアルではなく、自分という唯一無二の存在が「その時、その場所で」感じた一度限りの身体感覚を、同じく唯一無二の存在である他者の身体感覚に伝達するという「感性のインタラクション」への挑戦だ。この瞬間に芸術は「静的な真理」を追い求めるものから「動的な感性」をインスパイアするものへとパラダイムシフトしたのであるよ。

「な……なんかムズかしい話でよくわかんないんですけど？」

そうね。つまりルノワールの絵を見るということは、ルノワールが自然をどう認知しているのかという「他人のセンスのありよう」を覗き込んでいるということになる。そして同時に「他人のありよう」と「自分のありよう」のギャップを埋める努力こそが「アートに触れる喜び」なんだね。

つまり。時代や文化を超えて、自分と違う誰かとつながること。自分と違うやりかたで世界を見ている人とわかり合うということ。他ならぬ自分にとっての「自然」を見つけること。この瞬間に、自分の存在が肯定される。同時に外の世界とつながる。

ルノワールのいた19世紀のパリで浴びている木漏れ日は、同時に自分が友人たちと過ごした代々木公園の木漏れ日でもある。この時に、僕は時空を超えてルノワールと一緒にいる。そよ風を感じながら、2人でナイスなワインを飲んでいるのさ。

絵画を愛でるように、酒をたしなむ

僕にとって、お酒を飲むのと絵画を見るのは同じような喜びだ。

絵画では視覚に主眼が置かれるが、お酒では味覚や嗅覚に主眼が置かれる。しかし「感性のインタラクション」という意味では一緒なのだね。

優れたワインや日本酒を飲むということは、それを醸した醸造家と対話するということだ。醸造家がどのように土や水を見つめ、どのように温度や風を感じ、どのように微生物たちと向き合い、どのようなセンスで味と香りをデザインしたのか。お酒をじっくり味わいながら、「醸造家の世界の捉えかた」をリバース・エンジニアリングしていく。やがてデザインのひみつが紐解かれる。その穏やかな飲みくちが柔らかく澄んだ水から生まれることがわかる。その香り高さが酵母の生命の営みから生まれたことがわかる。その水が湧き出る風土がわかり、酵母の営みを観察する醸造家の眼差しがわかる。

　実際には目の前にいないのに、醸造家はそこにいる。都会のバーカウンターにいるのに、僕は清水の湧き出る森の中、あるいは風の吹き抜ける小高いぶどう畑の中にいる。バーカウンターで隣り合って醸造家と酒を酌み交わしているのと同時に、一緒に散歩をしながら土や水を感じている。

　お酒の味と香りが、仮想現実を生み出す。味覚と嗅覚を通して時空を超えた旅に出る。醸造家が認知する自然のきめ細やかさを追体験することで、自然を捉える感性がアップデートされていく。その結果、僕の世界の捉えかたが変わっていく。

　流れを整理してみよう。

・作り手（芸術家・醸造家）が芸術や醸造を通して自分の捉えた自然を表現する

↓

・受け手（鑑賞者・飲み手）が表現を享受することで、作り手の認知を追体験する

←
・受け手がその体験を自分の認知に反映してアップデートする

という一連のプロセスを辿りながら、世界を捉えるセンスを豊かにしていく。同時に自分とは違う世界で生きている人たちへの共感を育てる。大事なのは「どれだけ詳しいか」という知識ではなく、プロセスの豊かさ、つまり愛《め》でかたの深さなのであるよ。

ということはだ。裏を返せば「醸造家の顔が見えない酒」あるいは「芸術家の個性が見えない絵画」は、それがいかに技術的に優れたものであってもつまらないんだよ。「うーん、マズくはない。以上！」という感想しか出てこない。ほら、美術館でもこういう体験よくあるでしょ。「すごく写実的ではあるが、何も感動しない」とかね。これは対話が存在しない、一方的なコミュニケーションの退屈さなんだね。校長先生の挨拶とか、政治家の演説とか。そうじゃなくて「その人個人の実感から出てきたことば」が「他ならぬ自分」にダイレクトに伝わる感じ。これこそが僕たちの感性をインスパイアし、他者の壁を乗り越えて対話を成立させる原動力になる。

　この本を読んでいる他ならぬアナタ！　僕はアナタに話しかけているんだよ！

作り手と受け手の幸せな三角関係

酒の消費量は、1999年の約1017万㎘をピークに、2017年は約800万㎘まで緩やかに下降線を辿っている。しかし、内訳をちゃんと見てみると実は日本酒の進化が見えるのだな。消費量が激しく落ち込んでいるのは、糖分や醸造アルコールを添加して大量生産する酒（これを普通酒と言う）。逆に酒蔵がしっかり手間をかけてシンプルな原料で醸した酒（これを特定名称酒と言う）の消費量は数年前から増えている。僕が利き酒イベントをやると、若くてセンスの良いボーイ&ガールがいっぱい集まる。オシャレな日本酒バーも流行っている。つまり日本酒はアートになり始めている。酔っぱらうために飲むものから、じっくり愛でる文化になり始めている。

うんうん。これは良いことだ。僕にとっても嬉しいよ。

文化が生まれるためには、作り手と受け手の幸せな関係が必要だ。いくら醸造家が良い酒をつくったとしても、それを愛で、評価する受け手がいなければ成立しない。良い関係性がなければ、良い酒は適正な価格で売ることができず買い叩かれる。すると醸造家はやる気をなくし「どうせ消費者は酒の味なんてわからない」とあきらめモードに入り、飲み手は「メーカーは大したことない酒を高く売りつけようとする」と不平をもらす。

ちょっと待った！「消費者↕メーカー」の関係性は疑いと価格競争しか生まないのだ。醸造家と飲み手は互いにインスパイアしながら文化をつくっていく「パートナー」なはずだ。

日本酒をはじめ、国産ワインやクラフトビールの盛り上がりを見ていると、文化をつくるためには「幸せな三角関係」をつくることが大事なことだとわかる。作り手と受け手がお互いハッピーになるためには、消費者↕メーカーの「直線関係」の上に点を置いて、三角形にしなければいけないのだよ。

ではその「点」とはなんだろうか。ズバリ、ファッション界における「読モ（読者モデル）」の存在だ。作り手の事情も理解しつつ、受け手の代表として文化の「たしなみかた」を提案するスター。この「読モ」を育てない限り、作り手と受け手は敵対関係としてぶつかり続ける。しかし「読モ」の点を置いて三角形にすると、ぶつかりが解消されてコミュニケーションが循環し始める。

ここでPART4の「贈与の環」を思い出してもらいたい。ピースフルな循環をつくるためには、AさんとBさんの2者間の交換よりも、Aさん↓Bさん↓Cさんというように複数者間の交換が有効だ。同様に、メーカー↓読モ↓消費者という3者間のコミュニケーションが作り出せれば、お互いをリスペクトし合う幸せな関係性が生まれるはずだ。メーカーは、遊び上手の読モを楽しませるプロダクトをつくる。読モは遊びかたを発明し、みんなに広める。すると消費者は「消費」をやめ「愛で」を始める。その「愛で」はメーカーを鼓舞し、ますます良いプロダクトをつくるぞ！　というやる気を生み出す。遊び上手が増えるたび、三角形・四角形……と角が増えていって、いつしかまんまるの「環」になるかもしれない。

僕が何を言いたいかというとだな。

作り手だけでなく、受け手もアーティストなんだってこと。ほんとはね。

醸造家の美意識を理解し、自分なりのやり方でその酒を愛でること。受け手のその「愛でかた」もまたアート作品だ。絵画が画家と鑑賞者のインタラクティブ・アートであるように、酒は醸造家と飲み手のインタラクティブ・アートだ。

お気づきだろうか。アートの本質とは表現そのものではなく、表現を巡る関係性なのだ。芸術における「みんなみんなで一つの和」は、みんながそれぞれのやり方でアーティストになって文化をつくること。メーカーのメッセージ（広告）をそのまま

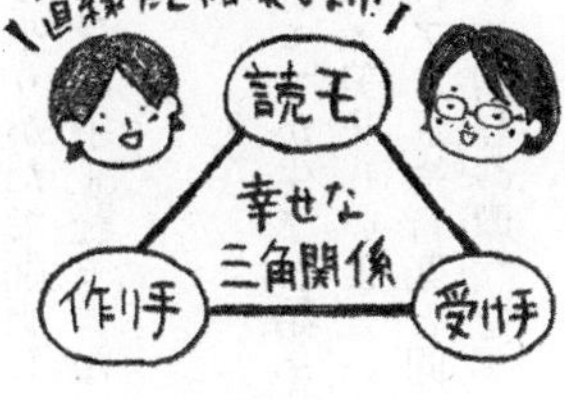

鵜呑みにするのが「消費者」なら、醸造家のメッセージを自分なりのやりかたで翻訳して新たなコミュニケーションを生み出すのが「アーティストとしての受け手＝読モ」なのであるよ。

日本酒や国産ワイン・クラフトビールの世界には新たな世代の「読モ」が生まれ始めている。それは自分なりの感性でお酒の価値を解釈し、友達に「めちゃ美味しいよ。いっしょに飲もうよ」と上手にレコメンドできるオシャレさんだ。現代アートや音楽と同じ目線で食を楽しむそのセンスが「幸せな三角関係」と「文化における贈与の環」をデザインするのだ。

曖昧だから、正解がないから楽しい

章の最初に「アートにおいて普遍の美なんて存在しないんじゃないの？」と問いかけたが、なぜ僕がそう思うのか。その理由は「人間の認知の曖昧さ」にある。

写実的なアカデミズムの美を印象派が覆し、それをさらにピカソ以降の現代美術がアップデートする。その度に「美の基準」が揺さぶられ、新たな価値観が生まれる。同様に、淡麗辛口の高級酒の限界を、カジュアル・オシャレ酒が打ち破り、ルーツ酒のリバイバルが日本酒の直線進化に待ったをかける。歴史の文脈、受け取る人のライフスタイルにあわせて新たな美が生まれ、古い美が新たな装いでよみがえる。そこにはいつの時代も通用する正解はない。ある特定の文脈においてのトレンドや評価があり、さらに受け取る個人のセンスによる好みがある。

普遍性なんて無い。あるのは「その瞬間、その場所で」他ならぬ自分が感じる「一瞬のさざなみ」だけだ。ではその「一瞬のさざなみ」はどこから起きるのだろうか。答えは「脳」だ。人間の脳は、とことんまでヴァーチャルな認知システムで動いている。なぜ人間がお酒を美味しいと感じ、その微小な風味の差異を嗅ぎ分けられるのか。納得いくような解答はいまだ得られていない。ただし。お酒を味わう味覚が、全く異なる複数の認知システムの相互作用において発生しているということはわかり始めている。

人間の味覚は複数のレイヤーで成り立っている。味覚の研究者である伏木亨博士の分類を借りて整理すると、

・生理的な欲求（喉が渇いた、お腹が減った）
・快楽物質への中毒（こってりラーメン食べたい）
・文化的な慣れ（ママの料理が最高！）

・情報への信頼（ミシュラン三つ星はぜったい美味しい）

この4つ。動物的な認知は前者の2つで、後者の2つはかなりヴァーチャルだ。

お酒の味はこの4つが複雑に絡み合って形成されているのだが、実は一番基本の「生理的な欲求」がさほど関与しない。かつては「ワインを飲んで喉を潤す」という飲料水としての機能が大事だったのかもしれないが、アルコール度数が高くなり、醸造法が洗練された現在において、酒は「ヴァーチャルな味覚」を味わう嗜好品に変質したと言えるだろう。

中でもポイントは、酵母のつくりだすエタノール（人間が吸収しやすいアルコール）の奇妙な性質だ。このエタノールは、本質的には生物にとっての「毒」なのだね（殺菌にアルコールを使うのはこの原理）。エタノール自体に栄養はなく、むしろ神経システムを麻痺させ、身体を機能させなくする。本来は「生理的な欲求」から排除されるものなのだが、困ったことに「快楽物質への中毒」性がウルトラ高いんだよ。高度に進化したお猿さんやネズミのような哺乳類は、人間と同様にエタノール中毒になることが確認されている。動物的な認知において、エタノールは「毒」と「快楽」が同居しているヘンな物質だ。

エタノールそれ自体は美味しいものではないのだが、普通水には溶けにくい香味成分を取り込むことができる。この性質がお酒特有の複雑な香りや飲みくちを生みだす。しかもエタノールは甘味と苦味の機能を活性化させ、味覚を部分的にブーストさせる。さらにアルコールは痛みや熱を感じる器官にも働きかけ、味覚以外の感覚も刺激して味の奥行きをつくっている。

つまりお酒を飲むと「味覚のセンスが開く」と言えるのではないだろうか。これが楽しくてまたお酒の中毒性を高める（そして飲み過ぎると味覚が麻痺する）。

まだある。酒は地域や文化の特性と強く紐付いていて、さらに個人の経験のなかでの「慣れ」も深く関与する。昭和のクラシックなおじさんは、煮付けや揚げ出し豆腐を食べながら「おじさん酒」を飲むことを愛する。淡麗辛口の高級酒に高級割烹はなんだか居心地が悪いのだ。

さらに。嗜好品の代表格である酒には、情報がいっぱいくっついてくる。やれテロワールが何だの、この年のブドウは最高だの、天才醸造家が１００本だけつくっただの、創業２００年の老舗だの、これって別に味覚そのものとは関係ないはず……と思うじゃん。だけど関係するんだよ。情報が加わると、人間の味覚は変質する。「これは美味しい」と思い込むと、ほんとに美味しく感じる。「これは超高級ワインだ」とソムリエが言えば、１０００円のワインが超絶ヴィンテージワインになる。

なぜかというと、最終的に味覚を処理するのが脳だからだ。脳は情報で動く。舌から伝達された味や香りと、耳から伝達されたソムリエの言葉と、目から伝達されたラベルの画像が全て「情報」として組み合わされる。その結果「このワインは美味しい」という味覚がデザインされる。ワインのテイスティングの教科書として「アロマホイール」というものがある。ここには「バニラのような香り」「干草のような香り」というようにワインの風味を表現するときのボキャブラリーが網羅してある。言葉と一緒に味を認知すると、鼻や舌だけで味わうよりもテイスティングの解像度が高くなるのだね。イメージの意識化・可視化によって自分の生理反応をコントロールする行為をバイオフィードバック[※9]（生体自己制御）という。五感で物理的に「感じる」ことと、意識を使って「イメージすること」が自分の脳内でつながっていることの証拠だ。

これってすごくヴァーチャルじゃない？　その酒固有の、普遍的な味覚というものは存在しない。味覚は物理的な現象というよりは、人間の脳の認知システムがつくりだす虚像、仮想現実なんだよ。ピカソの名画「泣く女」を見て欲しい。女の横顔と正面の顔がひとつの画面に同居している。物理的に言えば「横側と正面が同居するアングル」なんてあり得ない。しかし人間の脳は「横側から見た絵」と「正面から見た絵」を統合して1枚のイメージにすることができる。「横側から見た絵」を「生理的な味覚」に、「正面から見た絵」を「情報的な味覚」に置き換えてみて欲しい。生理的な味覚と情報的な

味覚を統合してひとつの味のイメージとする。銘酒を味わうのは、ピカソの絵を鑑賞することに等しい。

一般的に、ある生物における認知や行動のパターンは、DNAにプログラミングされた遺伝情報によって規定される。何が必要で何が必要でないかは、遺伝子に書き込まれたコードによって判断する。しかし人間は、一般的な生物のルールとは別に「ヴァーチャルな情報を学習することによって認知や行動のパターンを変える」という特性を持っている（なぜそうなったのかは謎だ）。

本来は毒だったはずのエタノールを手なづけ、栄養にもならないものを楽しむという「遊び」をつくりだし、その遊びを儀式として社会制度のなかに埋め込んだ。遺伝情報を変えることなく、人間は自分自身の認知と行動のパターンを変化させることができる。この認知の変化を

「トレンド」と呼び、それに伴う行動の変化を「遊び」と呼ぶ。

生物一般としては無意味な「遊び」をつくり、「遊び」を介してコミュニケーションを循環させていく。それはニューギニア諸島の「クラ」であり、ルーブル美術館での美術鑑賞であり、酒のたしなみであり、人間が人間である理由であり、僕が他ならぬ僕である理由であり、同時に僕が、他ならぬアナタとともに生きる理由でもある。

発酵は、人間が見えない自然の世界へ旅するための「ひみつのドア」だ。
同時に、人間が人間であり続けるための「終わらない遊び」なのであるよ。
とにかくパーティを続けよう。
これからもずっとずっとその先も。

※1　1，1，2，3，5，8，13……と当該の数の1つ前の数と2つ前の数を足してできる数列。植物の葉や花弁の数などに見いだされる。隣り合う2つの数の和が限りなく黄金比（およそ5：8）に近づく。

※2　ドイツの現代美術家。「社会彫刻」というコンセプトを提唱。芸術の概念を社会変革にまで拡張した。美を追求するアートとは全く異なる作風。

※3　日本のワイン研究家・コンサルタント。山梨のワイン醸造の発展に貢献し、後代の醸造家に広く影響を与えた。

※4　麻井宇介『比較ワイン文化考』（p.70）引用。

※５　ヨーロッパでよく使われるワイン専用ブドウは、醸造に適した種の系統選抜を繰り返して進化してきた。

※６　一般的なワインのボトルの容量は７５０mℓ。しかし甲州ワインはもともと日本酒のボトルを使っていたために、７２０mℓの四合瓶、１８００mℓの一升瓶に詰められたものも見かける。

※７　近年では中国やインドのワインも注目され始めています。アジアのワイン文化、盛り上がってる！

※８　機械やソフトウェアなどを分解・解析することで、その製品の構造を分析し、つくり方や動作の仕組みなどを解明することを指す、ＩＴ用語。

※９　主に医学の領域で使われる用語。血圧や心拍数などを可視化することにより、生理現象を意識的に調節できるようになる。

解説

ＰＡＲＴ５のテーマは「酒とヒトの感性」。ワインと日本酒を通して、お酒の醸造の奥深さを感じてもらえたのではないでしょうか。

甲州ワインの歴史と技術的特徴は、ワイン醸造研究家、麻井宇介の著作で知ることができます。勝沼のワインづくりの空気感が味わえる『ワインづくりの四季』、本文中でも引用した、日本におけるワインづくりを考察した『比較ワイン文化考』などが収められた四冊セットがオススメ。

日本酒については、酒醸造の神と言われる坂口謹一郎の『日本の酒』を外すわけにはいきません。１９６０年代、混ぜものをした三増酒が市場を席巻するなかで「必ず本物の酒の時代が来る！」と予言した名著。読めばいかに日本酒づくりが高度な発酵文化であるのかがわかります。ちなみに、世界中の酒を体系的にまとめた『世界の酒』も必読のクラシック。

ヒトが酒の味をどのように知覚するのかについては『ＷＩＲＥＤ』誌の編集者、アダム・ロジャースの『酒の科学』に強くインスパイアされました。酵母の微生物学的特徴から、ウィスキーのエイジングの原理、ワインテイスティングの種明かしなど、お酒にまつわるサイエンスが楽しくわかる素晴らしい本です。

自然界の形態からアートの普遍性を考察した、ハンガリーのデザイナー、ジョージ・ドーチの『デザインの自然学　自然・芸術・建築におけるプロポーション』は、アートやデザイン好きの人にオススメ。この本を翻訳した日本のデザイン批評家、多木浩二の著作にも僕は影響を受けています。

　デザインやアートを学んだ後に発酵の世界に入ると、驚くほどたくさんの共通点が見えてきます。また機会を改めて、発酵とアートの関係性をもっと深く掘り下げてまとめてみたいものです。

【参考文献】

『比較ワイン文化考』麻井宇介　醸造産業新聞社

『日本の酒』坂口謹一郎　岩波書店

『酒の科学』アダム・ロジャース　白揚社

『デザインの自然学　自然・芸術・建築におけるプロポーション』ジョージ・ドーチ　青土社

ワインの製法やテロワールについて体系的に知る

『最新ワイン学入門』山本博　河出書房新社

味覚のメカニズムを理解する

『人間は脳で食べている』伏木亮　ちくま新書

『味の文化史』河野友美　世界書院

勝沼のブドウ栽培の郷土史

『ぶどうの国文化館　歴史読本』上野晴朗　勝沼町役場

Column 6
醸造とは何か？

「お酒を醸造する」とよく言いますが、そもそもこの「醸造」って「発酵」と何が違うんでしょうか。実はちゃんと工学的な定義があるんですが、ほとんどの人は知りません。ということで、学校では教えてくれない「醸造とは何か」を簡単に解説しまーす。

醸造＝カビを使った発酵

「醸造」という言葉のおおもとの定義は、

麹菌をはじめとするカビを使った発酵

です。つまり「日本特有のカビ発酵」を「醸造」と言うんですね。これが醸造のルーツ。日本酒や、お味噌、醤油などを発酵させることを「醸造」と呼びました。ところが現代では「お味噌を醸造する」とはあまり言いません。それはなぜか。実は近代以降に世界

中の発酵食品がもたらされた結果、「醸造」の語義がアップデートされ、

主にアルコール飲料などをつくる液体発酵

を指す言葉に変わっていきました。この近代以降の「醸造」の定義では「ワイン醸造」「ビール醸造」という呼び方が成り立つんですね。

なぜお酒なのかというと、醸造の「醸」という漢字の語源を辿ると理解できます。左側の「酉」は、酒を仕込む壺を指し、右側の「襄」はモノをお祓いして器に詰めることを指します。つまり「原料をお祓いして壺にお酒を仕込む」という意味なんですね。

日本の文脈では、酒造りが麹発酵の起源であることから「麹で醸すこと」が醸造の語源になりましたが、中国の文脈でいうと「酒を醸すこと」が醸造の語源になります。

醸造を英語に訳すとどうなるの？

実は「醸造」にあたる英語（および主要ヨーロッパ言語）はありません。一般的な発酵を指す〝Fermentation〟をあてるか、あるいは醸造する対象にあわせ訳語をあてます。まず日本的な語源の「麹を使った発酵」に関しては、対応する単語がありません。なぜなら麹菌を使った発酵の文化が無いからですね。

次に中国的な語源の「お酒をつくる発酵」に関してはどうかというと、ビール醸造は〝Brewing〟、ワイン醸造は〝Vinification〟、ウィスキーやブランデー、ジンなどもろみ（酒母）を蒸留する酒造りは〝Distillation〟と使い分けます。ワインの醸造体系を指す〝Enology〟、お酒全般の醸造体系を指す〝Zymurgy〟というマニアックな言葉もあります。これを見るに西洋文化がいかにお酒造りの洗練に心を砕いてきたかがわかりますね。

ちなみに日本酒の醸造は、ビールと同じく「穀物を醸す酒」なので〝Sake Brewing〟と言います。

日本酒のボキャブラリー

< 日本酒の種類 >

純米酒：米と麹と水だけでつくった日本酒
吟醸酒：お米を４割以上削って醸した酒
本醸造：少量のアルコールを添加して味を整えた酒
普通酒：アルコールと糖類でのばした酒

< 製造方法の種類 >

生酛：蔵に住む乳酸菌を呼び込んで酒母をつくる
速醸：合成された乳酸を添加して酒母をつくる
無濾過：濾過をせずに濁った状態で瓶詰めする
原酒：発酵が終わった酒を水で割らずに瓶詰めする
↑通常は少しだけ水を足してアルコール分と風味を調整する

ワインのボキャブラリー

< ワインの種類 >

白ワイン：ブドウの果汁だけで醸す
赤ワイン：ブドウの果実とともに果皮を漬け込んで醸す
ロゼワイン：ブドウの果皮や種の漬け込みを弱くし、果汁だけを発酵させる
スパークリングワイン：酵母のガスを瓶に閉じ込める

< ワイン用ブドウのポピュラー種 >

カベルネ・ソーヴィニヨン：超定番。酸味があり熟成向き
ピノ・ノワール：赤用の定番。繊細な風味を生む
シャルドネ：白用の定番。ジューシーな風味を生む

ワインと日本酒のタイプを解説！

ＰＡＲＴ５で取り上げたワインと日本酒は、お酒のなかでもとりわけ醸造法と風味のバリエーションが多様。参考までに、簡単な分類と製法・原料など記しておきます。本当はもっともっと細かく色んな分類があるので、気になる方は専門書で勉強してください。

PART 6

発酵的ワークスタイル

醸造家たちの喜怒哀楽

仕事を通して自然と対話する

東京で生まれ、保険業を営む母と出版業を営む父のもとで育った僕にとって、仕事とは「毎日都心のオフィスに通って働くこと」だった。

ところが、デザイナーとして地域の一次産業や伝統工芸の世界に関わるようになって、実は僕の父母のような「都会の仕事」以外にもたくさん働きかたがあることに気づいた（都会っ子は世間知らずだねえ）。「都会の仕事」はいつでも人間を相手にして働く。同僚と打ち合わせしたり、取引先と交渉したり、商品のターゲットとなる人にインタビューしたり。これ全部「人間とのコミュニケーション」。しかし地方に行くと、農家は土と野菜、酪農家は牛や豚、漁師は海や魚と向かい合って仕事をしている。森に入って木を切り出す人、それを家具や器に仕上げる職人、野山の生き物を観察して分類する研究者もいる。人間以外の自然と関わる様々な仕事があることに新鮮な驚きがあった。

とりわけ発酵食品をつくる醸造家。彼らの働きかたや世界観は、自分の仕事に対する先入観を根底から覆した。なにせ、彼らは「見えない生き物」と関わって仕事をしているんだぜ？　人間の理屈が通用しないうえに、目にみえないほど小さい自然と毎日向かい合う醸造家たちの働きぶりを見ていると、ちょっと大げさだけど「人間にとって仕事とは何か」を改めて考え直してみたくなる。

「お金を稼ぐためにしかたなくすること」
「プライベートの反対の緊張する時間」
「どんどん規模を大きく発展させなければいけない」

　こういう仕事観は、果たして自明なのだろうか。お金も休みも発展も必要だが、でもそれ自体は目的ではない。大事なのは、人が仕事を通して「何に気づくのか」だろう。お金や規模などの「結果」ではなく、働くことで自分の世界を豊かにしていく「プロセス」なのではないか。自分がどんな世界に生き、どんな存在と関わっているのか気づき、その気づきの解像度を上げていく。プロセスにこそ仕事の本質的な価値がある。
　そういう意味では、仕事もまた社会におけるコミュニケーションの一形態だと言える。自分が働くことで、美味しいものや美しいもの、役立つものが生まれる。その生産の過程で自分の仕事の対象となる様々な世界と関係を深くしていく。自分の仕事ぶりが向上すると、世界との絆はより深くなっていく。自分のアクションに対して、フィードバックが返ってくる。このキャッチボールが厳しくも楽しい。

「生活に必要なものをつくる」という生産行為とは別に「つくるプロセスを通して、ともに働く人や自然との絆を深くする」というコミュニケーション行為がくっついてくる。このコミュニケーション行為は、第四章で出てきたモースおじさんの言う「人間の社会を形成する副産物」だ。ただモノを生産するだけでは人間の世界は豊かにはならない。そこには豊かなコミュニケーションと気づきが伴っていなければならないのであるよ。

宮沢賢治の童話『狼森《おいのもり》と笊森《ざるのもり》、盗森《ぬすともり》』で、村を開墾する農家たちが、森と会話する有名なシーンがある。


そこで四人の男たちは、てんでにすきな方へ向いて、声を揃えて叫びました。

「ここへ畑起してもいいかあ。」

「いいぞお。」森が一斉にこたえました。

みんなはまた叫びました。

「ここに家建ててもいいかあ。」

「ようし。」森は一ぺんにこたえました。

みんなはまた声をそろえてたずねました。

「ここで火たいてもいいかあ。」

「いいぞお。」森は一ぺんにこたえました。

みんなはまた叫びました。

「すこし木貰ってもいいかあ。」

「ようし。」森は一斉にこたえました。[※1]

農家たちは暑さ寒さを防ぐ家をつくるという「生産行為」を行いたい。その家の生産プロセスのなかで、農家たちは森という「人間でない存在」と対話をする。都会に住む現代人から見るとこの会話はファンタジーなのだが、現場の農家たちにとっては「ガチの対話」だ。「木貰ってもいいかあ」と森に聞いて返事が返ってこなかった場合、もうその森は「死んでいる」のだから。死んだ森からは村をつくるための資源は調達できない。だから農家たちは仕事のプロセスのなかでこまめに森とコミュニケーションを取り続ける。コミュニケーションが続いているあいだは、自然からのいただき物を加工することで、人間は自分たちの暮らしを成り立たせることができるのだ。

農家たちの謙虚さは倫理ではない。一族郎党が生き延びるためのサバイバル術なのだ。


この宮沢賢治の童話のように、人間は長いあいだ自然と対話することで自分たちの社会を維持してきた。おおいなる自然をリスペクトしつつ、許される範囲で収奪し続けてきた。その後ろめたさを贖《あがな》うために、人間は自分たちの手で加工した自然を、神への捧げ物として自然に還す習慣を世界中で発達させてきた。ヨーロッパにおけるハーベスト（収穫祭）がそうだし、日本における酒の奉納がそうだ。これはおおいなる自然に向けた、

「色々もらっちゃってゴメンね」

「お返しするから許してね」

「うれしいたのしい大好き！」


という人間からのメッセージなのだね。ものを生産し、その過程で世界へのリスペクトを深め、もう一度世界へお返し（贈与）をすることで、人間は他者と自然に対するマナーを身につけてきた。仕事は人の心を成長させるための学びの場なのであるよ。

菌とイケメンの力に委ねる、前人未到の酒造り

それでは。この章は今までとちょっと趣向を変えて、目に見えない自然と対話する醸造家のワークスタイルと哲学を紹介していこうじゃないか。日本酒・味噌・醤油・ワインという４つの領域で活躍する醸造家たちが、日々何と格闘し、何を感じているのか掘り下げてみよう。

トップバッターは、秋田県秋田市の日本酒蔵「新政」の杜氏、古関弘《こせきひろむ》さん。杜氏とは、日本酒づくりにおける「親方」、デザイン業界的に言えば「アートディレクター」。酒造りにおけるクオリティに責任を持ち、職人たちを率いる重要な役割だ（ちなみに杜氏とは別に「醸造責任者」という肩書もある。これは製造における全責任を負うプロデューサー。社長が担当する場合が多い）。

古関さんが杜氏を務める新政は、秋田を代表する老舗酒蔵のひとつ。１８５２年創業、全国に熱烈なファンを持ち、ネット通販でプレミアム価格がつく人気ブランドだ。さらに新政はそのプレミアムな存在感とは別に、醸造業界において非常にエポックメイキングな酒蔵なのだね。

その理由とは、明治時代に蔵で「きょうかい6号酵母[※2]」という発酵菌が採取・培養されたことだ。江戸時代までの酒造りは、基本的に各酒蔵に棲みついていた野生の酵母で酒を醸していた。しかしその醸造法はしばしば「火落ち菌」と呼ばれる酒を腐らせてしまう雑菌の混入を引き起こした（これをコンタミネーションと言う）。そこで明治に入って近代的な微生物学が日本にもたらされると、国家主導で「安定して発酵できる酵母」の開発が推し進められた。その原型になったのが新政の蔵から分離された酵母（通称6号酵母）だったのであるよ。以後、新政の酵母を品種改良することで、様々なタイプの標準酵母が開発され、日本中の酒蔵がその酵母を採用し、酒が腐るリスクが圧倒的に減少したのだった。

「ということはなんだ、今私たちが飲んでいる日本酒の祖先は新政だってことかい？」

その通り！　野生の酵母で酒を醸す寺田本家のような「ルーツ酒」を例外として、日本中の酒蔵が使っている酵母のルーツは新政の「6号酵母」だ。

そしてだな。この6号酵母は、ルーツだけあって現在メインで使われている酵母よりも野生に近い性質を残した酵母なのね。例えば最もよく使われるオールマイティ型の9号酵母と比べると、気性が荒いというか、ワイルドに酒母が発酵する。新政の酒は、近代日本酒のルーツとなった6号酵母をずっと使い続けている。つまり、業界標準の酵母を使っているとも、野生の菌を使っているとも言える不思議な酒蔵なのだ。そしてその「スタンダード」であり同時にワイルド」という二面性は古関さんの酒造りにも強く反映されている。

新政の酒造りのルールは「県産米・純米・生酛《きもと》」の3つ。これは新政の八代目社長、醸造責任者である佐藤祐輔さんが定めたもの。こうやって書くと別になんてことないのだけど、日本酒業界関係者からするとパンク極まりない原則なのだね。

▶醸造家プロフィール#1

秋田県秋田市

新政酒造 杜氏 古関弘《こせきひろむ》さん

【つくっているもの】	**日本酒**
【蔵の特徴】	**県産米・純米・生酛** 手間をかけることをサプライズにする酒づくり
【扱う菌】	**麹菌・酵母・乳酸菌** 麹菌▶種麹屋から入手 酵母▶新政起源の6号酵母 乳酸菌▶蔵に棲む乳酸菌
醸造家の感じる 【発酵のバランス】	**醸造技術6:原料2:微生物2** 人間の醸造技術が酒質のカギを握る!
【オフの時間は…】	**走ってます!** あとは蔵の設備を見たり…
自分にとって 【日本酒とは…】	**自分と世界のあいだに流れるもの**

まず県産米。日本酒づくりに使われる酒米は、兵庫の山田錦、岡山の雄町、新潟の五百万石あたりのメジャーな銘柄がほとんどのシェアを占める。しかし新政は外のブランドに頼ることなく、ローカルなお米にこだわる。これはもともと新政が災害対策用の備蓄米の運用から始まった組織であることに由来する。

次に純米。これは「お米と水だけを使って酒をつくる」ということだ。一見当たり前のように見えるが、ＰＡＲＴ５で説明したように、日本で流通している日本酒の多くは醸造用アルコールを添加してつくられている。つまり、味を整えるために工業的プロセスを取り入れているのだが、新政はあくまでも創業当時の江戸の酒造りにこだわっている。……と書くとよくある「匠のこだわり」的な話に着地しそうだが、実は純米しかやらないというのは大変な英断なのであるよ。それはなぜか。日本酒のメインカスタマーである「50代以上のおじさん」が飲んできた日本酒はほとんどが、アルコールや糖分で薄くのばした酒だ。彼らにとって純米の酒というのは「高級で落ち着かない味」になる。つまり「純米酒しかつくらんぜ」ということは、日本酒のオールドファンに見放されてもかまわない、ということだ。年代が下れば下るほど日本酒を飲む層は減っていくが、それでも未来のほうを向くという決断なのであるね（この決断ができない酒蔵は日本中にごまんとある）。

最後に生酛。現代の日本酒醸造において、これが一番の冒険。江戸時代に確立した日本酒づくりのオリジナルレシピでは、初期段階で「山卸《やまおろし》」という、蔵に棲む乳酸菌をおろしてきて、酵母が育つ環境を整えるというオペレーションがある。しかし、近代にこのオペレーションを省略する「速醸（はやく発酵させる）」という方法が開発され（詳細はＰＡＲＴ５で解説したとおり）、手間がかかる酒母づくりが簡略化。しかも菌が暴走して味が酸っぱくなったり腐ったりすることもほとんどなくなった。つまり近代化によって酒造りが安定したわけだ。しかし新政はこの速醸を使わず、江戸時代の生酛の方法を選んだ。しかも全てのラインナップでだ。部分的に生酛「も」つくっている酒蔵はいっぱいあるが、生酛「だけ」は珍しい。

生酛だけ、というのはめちゃリスクが高い。なぜかというと、もし雑菌による汚染（コンタミネーション）があったら蔵の酒全てを捨てなければならないからだ。（昔はよく汚染で酒蔵が倒産していた）。しかしメリットもある。蔵付きの乳酸菌を活かす酒造りは個性が出しやすい。工業技術によって製造プロセスを標準化した結果、日本酒の味が平均化してしまったことに対するアンチテーゼだ。

「県産米・純米・生酛」の新政の酒造りはリスク×リスク×リスクという、リスクを3乗した攻めの酒造りであり、サッカーで言うところのグアルディオラ監督時代のバルセロナ[※3]みたいなクレイジーさなのね。

さて。ではその新政で古関さんはどんな感じで仕事をしているのであろうか。

蔵を見学させてもらった時に驚いたのが「現場のスタッフに若いイケメンが多い」ということだった。都内のIT会社で働いてそうな高学歴でシュッとした男の子たちが忙しく蔵を走り回っている。まずこういうイケメンたちに「ここで働きたい!」と思わせる新政がスゴい。さらに驚愕なのが、親方である古関さんがシュッとしたイケメンたちとまるで兄弟のように親密なコミュニケーションを取っていることだ。ふつう酒蔵に見学に行くと、蔵人(親方の下で働くスタッフ)はひたすら寡黙に働いていて、あまり挨拶とか会話をしないのだけど、古関さんチームは現場でのコミュニケーションが濃密。これは明確にボスの古関さんの意向だ。酒造りは昔気質というか、トップダウンでボスの指令どおり動かないとぶん殴られるような現場であることが多いのだが、新政ではとにかく若手スタッフに自分で考えさせる。僕がいるあいだにも若手が古関さんに相談してきては「で、お前はどう思う?」と意見を求められていた。

新政の酒造りは蔵にいるワイルドな菌の力を活かした生酛という醸造法。生酛はベテランの経験値が必要とされる醸造法だが、古関さんは20代の若手にガンガン生酛のオペレーションを振りまくる。しかも彼らのセンスを信用して任せる。

これはかなり常識破りな方法だが、古関さんいわく、

「彼らに自分で考えさせるやりかたにしたら、新人がベテランの杜氏もビックリの美味しい生酛をつくるようになった」そうな。なぜこのようなことが可能になるのであろうか。

僕の見立てでは、それは古関さんが「チャレンジのできる環境を整備している」からだ。

クリエイションにおける親方にはざっくり2つのタイプがある。

1つは自分の美意識を実現するために部下を使うタイプと、もうひとつは部下の創意工夫が発動するためのプラットフォームを整備するタイプ。で、新政の親方は後者のタイプだ。

蔵見学の最中、古関さんはしきりに蔵の掃除の重要性を説いていた。普通では考えられないくらい力説していたので、古関さんの酒造りの核心のひとつなのだろう。蔵の菌に頼るタイプの酒造りにおいてなぜ掃除が大事なのかというと、作り途中の酒に雑菌の混入（コンタミネーション）を防ぐため。裏を返せば、掃除をしっかりやっていればコンタミネーションが起こる確率は下がる。

「え？　ヒラク君はそれで何が言いたいわけ？」

うん。若手がチャレンジすると、今までの常識では考えられないようなミラクルが起こるかもしれないけど、同時にベテランなら犯さないような致命的ミスが起こる可能性もある。生酛においての致命的ミスってのは、コンタミネーションのこと。で、古関さんは自分の頑張りで後者（ミス）の可能性を消して、前者（ミラクル）の可能性を高めようとしているわけよ。

発酵に関わる醸造家と話をしていると、よく「自分がものづくりをしているわけではなく、発酵菌が気持よく働ける環境を整えているだけ」という実感を聞く。これは単なる謙遜ではなく、発酵醸造の醍醐味だ。工業プロダクトと発酵プロダクトの一番の違いは、作り手の意図が100％反映されるかどうか。微生物の力によってプロダクトを生み出すということは、人間の思惑を超えたサムシングが起こりえるということだ。

そのサムシングが悪い方向に転ぶと腐敗ということになり、良い方向に転ぶと文字通り人智を超えたミラクル＝発酵となる。「自分の思惑がいい意味で裏切られる」というドMな快感が、人を発酵醸造にむかわせるのであるよ。

「自分の思う通りにやっても、面白くないんですよね。蔵の若いヤツを信じて、変わった酒造りを試して、その過程が楽しい。楽しいから工夫して、人も育つんです」

能登（石川）杜氏のもとで研鑽を積んだ古関さんは、ある時点から「自分の設計図どおりの酒造りに限界を感じた」らしい。しかし新政に来てしばらくするうちに社長の佐藤さんから「県産米・純米・生酛」という無茶なルールを設定される。これが結果的に、酒造りの方程式に変数をもたらした。しかもイマドキのキャリアパスを捨てて新政に来たハングリーなイケメンたちを自由に振る舞わせることで、さらにその変数が増大したのであるよ。

酒のもろみの発酵する樽の横で古関さんがふとつぶやいた、

「わけわかんないことに賭けてみることで、オレの酒造りの限界が突破できたというか……すげぇ良い酒ができるようになったんですよね」

という言葉は、人間のクリエイションの原点を指し示している。

自分のつくった設計図を壊す。

自分以外の関与者の力を引き出す。

美は予定調和ではなく、リスクと格闘するチャレンジの中からしか生まれない。

「しっかりした生酛の酒母と、6号酵母がうまくかみあうと、すごく面白い発酵をするんです。その結果、美しい品格のある酒ができるんです」

と古関さんが嬉しそうに語る新政独特の菌で醸された吟醸酒は、いったいどのようにスペシャルな味なのだろうか。

まず第一印象。甘味が強く、キレがある。そしてじっくり味わうと旨味が染み出してくる。この甘味と旨味が、生酛の製法から生まれる独特のヨーグルトっぽい酸味とよく調和する。甘味・旨味・酸味が、くどくなく調和し、印象としてはフルーティにまとまっている。一瞬「ふくよかなシャルドネの白ワインを飲んでいるのか？」と錯覚するほどだ。

系譜的に見てみると、これは現代における新しいトレンド「カジュアル・オシャレ酒」と「ルーツ酒」のいいとこ取りだ。飲みくち良く、香り高く、上質な日本酒特有の澄んだ麹の味も消さず残す。このフルーティな味わいは、これまでの日本酒好きにも若い世代たちにも相性がいい。そして日本酒を一通り飲み倒したシニアにも好かれるマジックな味なのであるよ。そのマジックを生み出しているのが、6号酵母のつくるワイルドなくせに品のある香りと、麹の力強い酵素が醸し出す、まるでビロードのように艶やかな甘味の組み合わせだ。

もうひとつの際立った個性は「ファーストインプレッションに驚きがある」ということ。上等な日本酒は「スッと喉に消えていく」タイプの飲みくちが多いが、新政の酒はどれも飲んだ瞬間に「どうもー！　新政が通りますよー！」というインパクトがある。このインパクトは、生酛の力強さを活かしたもの。このインパクトはともすると雑味になりやすいが、酒母がキレイに仕上がっているので嫌味がない。

ここから見るに、新政の酒造りのコンセプトは非常に明快。新しい日本酒の「味のモノサシ」をつくるぞ！　という志だ。このパンクな志に、古風な6号酵母や生酛づくりがハマっている。これが新政の個性だ。トレンドもルーツも、ワイルドな酵母も麹菌もイケメンも、時には相反する要素を取り込みながら、新しい価値をつくる。

そのベースには、杜氏の古関さんの「場を整えるちから」と「自分以外のものを信じて委ねるちから」があるのだぜ。よっ、日本酒界の名アートディレクター！

歌って踊る愉快な味噌屋、発酵ＤＩＹの仕掛け人

それでは次は異色のお味噌屋さんを紹介するぜ。

山梨県甲府市の味噌蔵「五味醤油」の六代目、五《ご》味《み》仁《ひとし》さん。実は僕が発酵と微生物の世界に導かれたのは、この五味醤油との出会いがきっかけなのだ。

五味醤油は明治はじめの１８６８年に創業した山梨の老舗味噌メーカー。五味「醤油」とあるが、現在醤油はつくっていない。戦後、大手メーカーの醤油のシェア拡大に押されて30年前に醤油づくりをやめた（醤油業界の盛衰についてはこのあと醤油の醸造

家の紹介で詳しく取り上げる)。今は主に味噌とその原料の麹、そして素人が味噌を手づくりできる「手前みそキット」を売っている。仁さんの担当は商品開発と、味噌と麹の製造だ。

五味醤油のユニークなポイントは2つ。

・甲州味噌というローカル味噌をつくっている
・手前みそのワークショップを開催しまくっている

ひとつずつ解説していこう。

PART2の図解で示した通り、味噌は一般的に米味噌・麦味噌・豆味噌に分類されるが、五味醤油のつくる甲州味噌はそのどれにも当てはまらない。米と麦をミックスして仕込む「合わせ味噌」と呼ばれるスタイルの味噌だ。普通の合わせ味噌は、すでにできた米味噌と麦味噌をミックスするのだが、甲州味噌の場合は味噌になる前の米麹と麦麹をまぜて味噌を仕込む。つまり二種類の味噌の原料をミックスして仕込む、合わせ味噌のなかでもさらに珍しい味噌だ。

甲州味噌の起源は、室町後期、戦国時代に遡る。数万人規模の軍隊が日本の各地を行ったり来たりしていた動乱の時代、兵士たちがどこでも食事を摂れる携帯食の技術が発達した。その時に重宝されたのが味噌なんだね。いつでもお湯に溶いて味噌汁にして食

▶醸造家プロフィール#2

山梨県甲府市

五味醤油 六代目 五味仁《ごみひとし》さん

【つくっているもの】 **味噌**

【蔵の特徴】 **木桶仕込みの甲州味噌**

山梨に伝わる手前みその味

【扱う菌】 **麹菌・酵母・乳酸菌**

麹菌▶種麹屋から入手
酵母▶蔵に棲む酵母
乳酸菌▶蔵に棲む乳酸菌

醸造家の感じる【発酵のバランス】 **醸造技術4:原料2:微生物4**

手づくりの工夫と蔵の微生物のハーモニー

【オフの時間は…】 **温泉でのんびり**

あとは麹の手入れをしたり…

自分にとって【味噌とは…】 **朝の食卓の風景**

べられるし、保存性にも優れている。塩もいっぱい入っているので激しい運動の後の食事にもいい。それまで一部の貴族や僧侶が食べるものだった味噌が、戦国時代を境に広く一般に普及していった。

さて。山梨ではどうだったかというと、武田信玄が甲州味噌を確立したと言われている。山が多くて平地の少ない山梨ではお米がそんなにつくれない。そこで米の裏作でつくる麦を米に混ぜて味噌を大量生産したのが甲州味噌の起源とされている。つまり山梨の気候風土が育んだユニークな味噌が甲州味噌だ。五味醤油は、スーパーで信州味噌や仙台味噌が手軽に買えるようになったのに、一貫してこの甲州味噌を作り続けている。その理由を仁さんは、

「山梨に住んでいる人はけっこう保守的で、郷土食の習慣を変えない。昔からのいりこ（煮干し）ダシの味噌汁とか、ほうとう（乱切りのうどんを味噌鍋で煮込んだ麺料理）の味に甲州味噌がよく合う」

と考えている。

確かに五味醤油の味噌は、他の地域の味噌と違う。特に味噌汁の味が明確に違う。米味噌よりも旨味と甘味があり、麦味噌よりもコクがある。さらに米味噌にも麦味噌にもない独特の苦味があり、複雑な味のバランスが妙にクセになる。僕が初めて五味醤油の

甲州味噌を食べたとき「なんだこのワイルドな味は！」という驚きがあった。スーパーで普通に売っている普通の値段のお味噌は、誰の口にも合いやすいように質感や風味の尖った部分をソフトに調整してあるのだが、仁さんは昔ながらのワイルドな味にこだわっている。つまり、山梨で昔から作り続けられた「手前みそ」の味を受け継いでいるんだね。

では、その「ワイルドで個性的な風味」はどこから生まれるのだろうか。もうちょっと詳しく仁さんの味噌作りの工程を見てみよう。

五味醤油の味噌の特徴としては、前述のようにまず「2種類の異なる麹を混ぜる」こと。次に「木桶で仕込む」のも個性的な味噌づくりに大きく影響する。杉でできた木桶の繊維には、微生物が棲みつきやすい隙間がたくさんある。ここに味噌を発酵させる酵母や乳酸菌が棲みつく。この木桶に棲みついた野生の菌たちが、蔵ごとの個性になる。大手をはじめ大半のメーカーは金属製などのタンクで味噌を仕込むのだが、この場合は外から人工的に培養した菌を添加する。安定した味で発酵させられるかわりに、個性が出しづらいとも言える。

対して木桶仕込みは、蔵ごとの個性を出しやすいかわりに仕込むごとに味のバラつきが出てしまう。五味醤油では味噌を買うお客さんに、

「ウチのお味噌は季節ごと、桶ごとに味が違います。その違いを楽しんで下さい」

と声をかけている。それだけ味にバラつきが出るなかでも「五味醤油らしさ」をどのようにキープしているのかというと、どうやら「麹菌の複雑なブレンド」にその秘密がある。五味醤油では、味噌を仕込む時に、4〜5種類の異なる個性の麹菌を使い分けている。米の麹と麦の麹でそれぞれに菌を使い分け、さらに温度管理が難しい麦の麹では発酵が熱で暴走しないようにいくつかの麹菌をブレンドしている（麹菌が繁殖する時に出る強い熱を放っておくと自分自身の熱で発酵が止まってしまう）。この菌のブレンド方法は代々五味家に受け継がれた秘伝のレシピらしく、仁さんいわく「なんでこのブレンドなのか理由はわからないけど、この通りに仕込むとうちらしい味噌になる」そうだ。老舗料亭のぬか床とか、人気ラーメン店のスープのダシみたいな世界だよね。

五味醤油の味噌づくりは、手前みそ的な手づくり感を意識して残している。2種類の麹はすべて手づくりで、大豆と麹を混ぜて仕込むのも人の手で行う（すごい重労働なんだコレが）。この方法で味噌を仕込むと、当然「ムラ」が出てくる。原料がちゃんと混ざりきってない場所が出てくるし、木桶は金属のタンクと違って完璧に密封できない。しかも発酵を行うのは野生の蔵付き菌たちだ。そこには予期できないことがたくさん起こる。

「味噌の香りや味の深みをつくるのは木桶に住んでいる酵母。その酵母にもいくつか種類があって、香りとアルコールをつくる優等生の酵母もいれば、そういう香りをつくらないサボり屋の酵母もいる。でもそのサボり屋の酵母がある程度働かないと、うちの味噌っぽくならないんです。手づくり感を残した味噌づくりだと、ちょっとヘンな菌も生きていける余地がある。それが面白いし、お味噌汁にした時にその複雑さが生きてくるんです」

と言う仁さんの味噌づくりを見ていると「手づくり」というものが単なる伝統回帰ではないことがわかる。手づくりにすることで、複雑系の発酵を呼び込んでいる。人間が管理しきれない余地を残すことで、毎日食べても飽きない複雑な風味を生み出している。その複雑系が崩壊しないように様々な工夫を凝らすところに、醸造の「ミソ」があるんだな。

じゃ、次行こう。

五味醤油は手前みそワークショップを開催しまくっている味噌屋として全国に名を轟かせている。山梨県内にとどまらず、日本各地でなんと年間１００回以上の手前みそワークショップを開催している。ちなみに僕のデザインしたアニメ『てまえみそのうた』は、手前みそワークショップを楽しく盛り上げるために仁さんと一緒に制作したものだ。五味醤油の手前みそワークショップでは、仁さんは妹の洋子さんとともにアニメにあわせて歌って踊って味噌づくりを教える。このスタイルが子どもたちや若い世代にウケて「エンターテイメントとしての手前みそ」という新ジャンルを確立してしまったのだよ。

でもさ。ちょっと考えてみれば「味噌屋が味噌のつくり方教えて商売成り立つの？」と心配にならない？　みんな味噌をつくり始めたら、商売上がったりになっちゃうじゃん！　と素朴なギモンを仁さんにぶつけてみたらば、

「最初そういう心配もあったんだけど、いざワークショップを続けるうちに、お味噌も売れるようになってきた。自分で味噌を手づくりすると、味噌をいっぱい使うようになるから、結局味噌を買う量も増えるみたい」

とのこと。しかも手前みそをつくると、友人や親族にプレゼントしたくなるらしい。するとプレゼントされた側もまた手前みそを手づくりしたくなり、五味醤油のワークショップに参加しにくるという「エンドレス手前みそ地獄」のサイクルがはじまる。そのうちに「味噌と同じくらい味噌の材料が売れる」という新しいビジネスモデルが発明され

ることになる。つまり「味噌づくりキット」を商品化し、なんなら麴を直接売るというモデルだ。

手前みそワークショップの人気に火がつくとともに、味噌はもちろん麴の販売量も伸びていくという好循環が生まれた。「囲い込む」ことではなく「オープンにする」ことで、ビジネスにも良い影響が出てくる。

仁さんが考えるビジネスとは「シェアを奪い合う」ことではなく、手づくりの文化を広めることで「新しいシェアをつくる」という発想にもとづいている。アニメ『てまえみそのうた』には、プロデュースした当人である五味醤油のクレジットは入っていない。これは、他の味噌屋や醸造メーカーにも自由に使ってほしいという仁さんの意向だ。

「手づくりの味噌は、人気が出たからといってすぐに増産することができない。蔵や木桶についた菌は簡単に移しかえられないからね。人口が減っていく時代に事業を成長させ続けることが当然とも思えない。だから自分の味噌をたくさん売るのではなくて、うちみたいな地域のメーカーや家庭の手づくりの味噌をみんなが楽しむきっかけをつくれたらいいなと思っています。それこそうちの味噌が必要なくなるぐらい、手前みその文化が広まったらそれで本望なんです」

と自然体で話す仁さんは、味噌界のエヴァンジェリスト（伝道師）であり、歌って踊って味噌を仕込む愉快な若旦那だ。彼の醸し出す「楽しさのヴァイブレーション」を慕って、全国から五味醤油のファンが蔵を訪れる。その評判は発酵好きコミュニティを超えて、地域のまちづくりや食育に関わる老若男女に及び、まちおこしイベントなどにも引っ張りだこだ。理屈ではなく楽しさからコミュニティを育てていく仁さんの方法論は、今を生きる僕たちにたくさんのヒントと気づきをもたらしてくれる。

限界を積極的に肯定し、事業規模を拡大させるのではなく、共感の輪を広げていく手法は正しく「発酵的ギフトエコノミー」のお手本だ。土地に根ざしたローカルビジネス、あるいはコミュニティづくりの可能性が、この小さなお味噌屋さんに宿っている。

醤油界に多様性をもたらす原点回帰のクラフトマンシップ

味噌の次は、醤油の世界を覗いてみよう。

紹介するのは、福岡県糸島市のミツル醤油醸造元の城慶典《じょうよしのり》さん。醤油業界のホープとして期待される僕と同世代のナイスガイだ。

ミツル醤油醸造元の創業はおよそ90年前（正式な記録は残っていない）。糸島の地域に密着した家族経営の小さな醤油蔵で、城さんは4代目にあたる。グーグルで検索してみると城さんの取材記事がたくさん出てくるのだが、なぜこんなにも彼に注目が集まるのかというと「自社醸造の醤油づくりを復活させた」からだ。

「えっ、それがどうスゴイわけ？　素人にもわかるように説明しておくれ」

　もちろん。そのためにこの本があるわけだからね。

　城さんは、祖父の代でやめた「自分の蔵でイチから醤油をつくる文化」をもう一度復活させた。これは時代の流れに逆行するチャレンジであり、それゆえにみんなをワクワクさせているのだな。

「ということは、醤油を自分でつくってない醤油屋さんがあるってこと？」

　そのとおり。実は自前で醤油をイチから醸造している蔵は、およそ１３００ある醤油メーカーのなかで1割にも満たないと言われている。もちろん大手メーカーは自社で醤油を生産する設備を持っているのだが、ミツル醤油醸造元のような中小のメーカーの多くは、地域ごとに共同で醤油の生産設備を運営する「組合型生産」で商品をつくっている。もっとわかりやすく言うと、みんなでお金を出し合って醤油を一括生産してから分配し、最後に各メーカーごとに味の調整をして自社の商品として売る。そしてこの組合型生産のほとんどが、醸造プロセスを機械化した大量生産スタイルなんだね。

このようなやり方が全国に広がった背景には、１９６３年に制定された「中小企業近代化促進法」という法律がある。この法律は、大手に負けないように、各業界の中小企業の生産力と技術の向上を図るもの。醤油業界においては前述の「複数の中小メーカーの生産を統合して大手と張り合えるようにする」という仕組みを生んだ。人口がどんどん増える高度経済成長期において、品質の良い醤油を安定供給するための合理的なソリューションだったんだね。

しかし時代が下り、このシステムのデメリットが露呈する。蔵ごとの醤油の多様性が失われてしまったのだな。大手も中小も同じような大量生産システムを導入し、同じような醤油をつくるので、当然価格競争が起こる。するとより広い商品の流通網を持つ大手メーカーのシェアが増えていき、中小メーカーが疲弊していく。

実は前述の五味醤油が醤油の生産を止めたのは、このような時代背景があった。中小企業を守るためにできたシステムが、中小企業を疲弊させてしまったのであるよ。

中小醤油メーカーに逆風が吹きまくる時代に、「もう一度自分で醤油つくるぞ！」と立ち上がったのが、城さんだ。システムが機能しなくなったのなら、自分の手でブレイクスルーを起こすしかない！　という超前向きなスタンスがイケてる。

「祖父の代には自分でつくっていたのに、いつのまにか醤油はつくるものでなく買うも

▶醸造家プロフィール#3

福岡県糸島市
ミツル醤油 醸造家 城慶典《じょうよしのり》さん

【つくっているもの】 **醤油**

【蔵の特徴】 **原点回帰の醤油づくり**
イチから仕込む本格的クラフト醤油

【扱う菌】 **麹菌・酵母・乳酸菌**
麹菌▶種麹屋から入手
酵母▶祖父の代の蔵から分離した酵母
乳酸菌▶蔵に棲む乳酸菌

醸造家の感じる
【発酵のバランス】 **醸造技術6:原料2:微生物2**
鍛えたカンで醤油の発酵を導く!

【オフの時間は…】 **美味しいものを食べに**
でも完全オフの日はほとんどないかも…

自分にとって
【醤油とは…】 **和食に欠かせない基本**

のになってしまった。せっかく醤油屋なんだから、やっぱりイチからつくってみたい、それがオレの原点」

と語る城さんからは、業界を背負う使命感は感じられない。五味仁さん同様、30歳前後の新世代の醸造家たちはなんでこんなにも肩の力が抜けているのかしら（ちなみに仁さんと城さんは同じ大学の先輩後輩関係）。

大学時代から全国各地にわずかに残っている自社醸造の醤油メーカーで研修し、伝統的な醤油の醸造法を学んだ城さん。実家のミツル醤油醸造元に戻ると蔵のスペースを整理し、祖父の代で廃棄してしまった醤油醸造の道具を自分なりに買い集め、ＤＩＹ感溢れる醸造蔵をつくりあげた。余っているスペースを活用してつくった蔵なので動線がめちゃくちゃで、お世辞にも合理的な蔵とは言えないのだが、それもまた不思議にカッコいい。城さんが戻ってきた時には祖父は他界し、誰一人醤油づくりを知るスタッフはいなかった。つまり自分の学んできた技術とカンを頼りにイチから醤油づくりに挑むしかなかった。

……なんかいいよねえ。ワクワクしないかい？

「失われてしまったものをよみがえらせる」というのは現代における最高のアドベンチ

ャーだ。一度失われてしまった技術やノウハウの再現には、めちゃくちゃな情熱と手間が必要だ。しかしそれを成し遂げた瞬間に僕たちを感動させるカタルシスが生まれる。

かくして祖父の代のクラフトマンシップを城さんなりのセンスで復活させた醤油。麹づくりから仕込み、出荷の仕上げまで全て手づくりという「究極のアナログ製法」で醸されている。熟成に2年を費やした「生成り、」と呼ばれる城さんスタイルの新商品は、「アイツ、ついにやっちまったよ……！」と醤油業界を激しくザワつかせる事件だったのであるよ。

ここまでのストーリーは各種メディアで取り上げられているので、ここから先は僕なりに城さんの醤油づくりを掘り下げることにするよ。

城さんの醤油を口にした時の第一印象は、

「濃い……けどキレがある。そしてセクシーな香りがする……！」

つまり「面白いじゃん！」と愉快な驚きがあった。

と同時に思ったのが、

「もしかしたら、醤油の道はスコッチ・ウィスキーみたいな蒸留酒の遊びに近いかもしれない」

という仮説だ。

実は日本において、醤油は味の個性を出しづらいプロダクトなんだよね。同じ発酵調味料でも、味噌は風味においてメーカーごと、地域ごとの多様性がある。スーパーの特売の味噌と五味醤油の味噌を比べると、素人でもすぐにその違いがわかる。しかし醤油は違う。味噌よりさらに塩分が強いし、使う量が少ないので、味噌と比べると風味の比較が難しい。

しかも。醤油は業界の規格（JAS規格）により、原料の種類や成分比の枠が設けられている。まず原料は必ず大豆と塩を使う必要がある。成分比は全国の流通量の8割を占めるスタンダードの濃口醤油（ツヤツヤに黒いしょっぱ旨い醤油ね）でいえば、塩分濃度16％、窒素分は1・5％くらい。もっと色の薄い、熟成の浅い薄口醤油なら塩分濃度18％、窒素分は1・2％くらいと「これぐらいの成分比と色で分類します」という定義があるんだね。ちなみに味噌にはこういうルールはなく、大豆と麹さえ使えばオールフリー！　規格でフレームをつくることで、業界全体の品質の安定が実現される。しかし一方でメーカーごと、地域ごとの味の多様性が減少する。

ただでさえ味の違いが分かりにくいのに、さらに規格の縛りがある。醤油って、正直あんまり面白くないな……と思っていたんだよね。城さんの「生成り、」を口にするまでは。

この「生成り」正直味は他の醤油と大きな違いはない。しかし香りが違う。最初はなんとなくしかわからなかったけれど、意識してティスティングしてみるとはっきりと違いがわかる。僕の知っている一般的な濃口醤油よりも「澄んだ香り」と「アロマ香」が同居したユニークかつ品のある香り高さがある。

この「香り」に着目してみると、実は醤油には豊かな多様性がある。ワインは誰が飲んでもその個性がわかりやすい。和食調味料でいうとこれは「味噌」だ。スコッチ・ウィスキーは味の違いが乏しいが、香りを嗜む趣味性の強い酒だ。和食調味料でいうとこれは「醤油」に相当するんだよ。

クラフトな醤油ってのは、香りを嗜む「舌で味わう香道《こうどう》」なのだね。醤油に個性が無いなんてのは僕の浅はかな先入観であり、しっかりと醸造家の美学が映し出される発酵食品の王道だったんだよ。醤油業界の皆さま、すいませんでしたッ！

城さんの醤油づくりを細かく見ていくと、不合理なプロセスがたくさんある。まず麹づくり。醤油の麹は、味噌や酒をつくる麹とはまったく質の違うものだ。

「醤油麹は他の醸造物よりも麹の出来がダイレクトに出るから気を使います。特に中盤から熱がすごく出るので、これをきちんとコントロールしないと醤油の旨味がちゃんと出ない」

と城さんが言うように、醤油づくりの核心もまた麹にある。炒った小麦と蒸した大豆に、醤油用にチューンナップされた旨味をつくるプロテアーゼ酵素の強い麹菌をつけて繁殖させ、麹をつくっていく。酒や味噌の麹の主原料となる米よりも、大豆や小麦は熱が出やすいので、麹菌が熱で暴走しないように注意深く手をかける必要がある（熱が上がりすぎると、納豆菌のような菌が元気になって香りが悪くなることも）。

そしてだな。醤油には味噌や日本酒よりも大量の麹が必要になる。味噌だと麹の他に大豆、日本酒だと麹の他に米と、麹のかさを増す原料があるのだが、醤油は麹を塩水に浸けるだけ。だから全原料に対しての麹の比率がやたら高い。手間がかかる麹をいっぱいつくる。つまりしんどい。麹の仕込みシーズンになると、それこそ夜もおちおち寝られない「夜泣きしまくる乳児を抱えたお母さん」みたいな状態になる（僕はこれを「麹やつれ」と呼んでいる）。

麹ができると、今度は仕込みだ。麹を塩水に浸けると、やがて液体のなかに浸かっていた麹が溶けていき、ドロッとした「もろみ」になっていく。このなかで酵母菌や乳酸菌などの複数の発酵菌が複雑に絡み合いながら醤油独特の旨味と風味をつくっていく。

ちなみに酵母は祖父の代に使っていた蔵のスペースから分離したものを使って、かつての蔵の発酵具合を再現している。スゴい情熱！

でね。この「発酵菌の複雑な絡み合い」を良い方向へ導いていくのが大変なんだ。城さんの蔵はDIYゆえ、温度や湿度を厳密にコントロールする空調設備はなく、しかも五味醤油同様木桶で仕込む。その日の天候によって、そして桶ごとの進行具合を見極めて、もろみをかき混ぜたり桶をキレイに管理して環境を整えながら発酵を調整していかなければいけない。これ全て醸造家のカン。微生物の働き具合を見ながら「こんな感じかな……」と場を整えていくのであるよ。

仕込みから夏を越してもろみの味の方向性が決まると、1〜2年熟成させ、より深い香りに進化させていく。このあいだに、醤油の塩味が発酵のちからでまろやかになっていく。これを「塩なれ」といい、熟成の過程で発生するアミノ酸やポリフェノール等の成分によって、塩分が抑え込まれて実際の塩分濃度より塩味を感じにくい状態になる。バスケ漫画の金字塔『スラムダンク』における湘北×海南戦。海南のエース牧を抑え込むために、湘北の選手が4人がかりで牧を囲い込んで動けなくする場面があるが、海南の牧が塩分、湘北の選手が発酵過程で生まれる成分だと思ってもらいたい。

熟成が終わると、もろみを搾って液体にしての醤油をゲットすることになる。城さんの醤油づくりで僕がいちばん面白いなと思ったのがこの「搾り」だ。通常の醤油づくりでは、プレス機で強い圧力をかけて搾れるところまで液体を搾りだす。大豆には油分がたくさん含まれているので、強く搾る場合は脱脂大豆を使うか丸大豆を搾った後に油を分離させる。しかし城さんの場合、丸大豆のもろみを時間をかけてソフトに搾る。強く搾らないから、油分がくどく感じられない程度に抑えられ、かつ丸大豆の風味もしっかり残る。そのかわり搾りきれないカスがいっぱい出るので効率は悪い（ちなみに僕はこの醤油カスが大好きで、よくお茶漬けにして食べている）。この「ソフトな搾り」が城さんの醤油独特の風味と香りに影響しているのだろう。

「いやあ、実は高いプレスの機械が買えなくて。なのでアナログに搾っているんですけど、結果的にウチっぽさが出ているのかなと。ほんとは機械化したいところもあるんですけど、手づくりなら大規模な設備投資がなくてもできるじゃないですか。だからつくりかたをいっぱい実験できるんです」

最後に加熱して発酵を止め、瓶詰めして出荷する。

全工程で2年。そのあいだ手間がいっぱいかかるのに、収入はゼロ。醸造ビジネスは普通の製造・小売業よりも商品がお金にかわるまでのタイムスパンが長い。本当はもっと熟成期間を短くして出荷できればビジネスとしては効率がいいのに、そうはしない。リスクを冒してでも、納得いく味を追求する。で。追求した結果どうなるかというと、こだわりが値段に反映されるのさ。

城さんがイチからつくった「生成り、」は値段が高い。父の代の組合から買って調整した醤油（濃口）が１０００㎖で約４５０円なのに対し、イチからつくって2年熟成させた「生成り、」は７２０㎖で約２５００円。7～8倍の価格差だ。

僕はここに城さんの「センス」を見る。デザインにおいて、値段付けはものすごくクリエイティブな行為だ。同じプロダクトであっても値段が違うと、買う側の意識が変わる。つまり値段とは「メッセージ」なのであるよ。城さんが超強気の値段設定をするのは、単に手間がかかっているからだけではない。当たり前に使っている醤油に対して「新しいモノサシで価値を意識してほしい」というメッセージが込められている。「とりあえず醤油であればいい」から「せっかくならこの醤油」というふうに、醤油に対する意識の解像度を上げていく。そのための「気づき」が値段に込められている。城さんの「生成り、」は惰性で買うことはできない（高いからね）。

でもさ。実は調味料って、料理のクオリティを左右する大事な存在なんだ。いい調味料を使うと、同じ食材、同じレシピでもビックリするぐらい美味しくなる。クッキングスクールに頑張って通うよりも、ふだん惰性で使っている調味料を最高のものに変えた方がよっぽど楽チンに料理上手になれる。特に醤油は、あまりにも毎日当たり前に使うので意識的になりにくい。だがそこを変えると、毎日の食卓にフレッシュな風が吹く。「醤油ひとつでこんなに変わるのか！」という気づきにお金を払う価値があるのさ。

「この値段をつける時は確かにためらいもありました。特に昔からミツル醤油醸造元と付き合いがある地元の人から良く思われないんじゃないかって。でも、ちゃんと利益出さないと商売が続けられないし、この値段でも欲しいと思ってくれるお客さんだけを相手にできるから、良い醤油をつくることに集中できるんです」

この城さんのことばには「プロダクトと同時に、ビジネスモデルも変えるぞ」という意志が込められている。大量生産したものを安い価格で売るモデルでは商品の個性がないので、営業したり各家庭に配達までしてようやく買ってもらえる。しかし利益は薄く、常にお客の下手に出なければならない。これは確かに疲弊する。

だからまずリスクを冒して「個性のあるプロダクト」をつくる。そしてそのプロダクトの力を軸にすれば、営業をがんばらなくても商品がちゃんとした値段で売れ、お客との信頼関係もでき、そして利益も出る。その利益で家族や従業員が生活していけるし、新しい実験をする余裕もできる。悪循環を好循環に変えることができる。

「親父の代までと違って、俺は売上規模を大きくしたり、どんどん生産量を増やすことは考えていないんです。むしろよりコンパクトにしていきたいなって。ちゃんと自分が納得できる規模で商売を続けたい。だからこそ売上規模じゃなくて利益が大事なんです」

かつて人口が右肩上がりになるのが前提だった時代、地域のビジネスはしばしば「利益」ではなく「売上規模」で評価されて動いていた。利益が出ていなくても、売上が大きくなっていれば銀行が運転資金を融資してくれたからだ。売上規模を確保するためには、商品の個性よりも営業と宣伝が重要になる。しかし人口が右肩下がりになる時代になると、その前提は変えなければいけない。規模を大きくしなくても継続できるやり方を発明する必要がある。その時に重要になるのが、商品自体の個性と存在感だ。他でもないミツル醤油醸造元の商品が欲しい！　と思わせる技術とコンセプトが利益を生む。利益が確保できれば、無理な設備投資や市場拡大は必要ではない。

城さん本人はその可能性の大きさに気づいていないかもしれないが、彼は醤油づくりだけではなく、地域の醸造メーカーにおけるビジネスモデルの指針も示している。

良いものをつくる。自分に自信を持つ。

まっとうな商品が、まっとうな利益を生む。

まっとうな利益が、事業を継続させ、継続がブレイクスルーを生むのだ。

スカ・ミュージシャンがつくる新世代の地酒ワイン

発酵はなぜか音楽と相性がいい。

醸造家には音楽好きが多いし、僕のワークショップに来てくれる発酵好きには音楽家が多い。発酵させるってことは、突き詰めていけば「いい感じにする」ってこと。この「いい感じ」は、ナイスな音楽を聞いたときのよろこびに近いものがあるのかしら（誰かこのテーマで論文書いてほしいぜ）。

最後に紹介するのはワイン醸造家。山梨県甲州市勝沼にあるマルサン葡萄酒の若尾亮《わかおりょう》さんは、ワイン醸造家でありながらスカ・ミュージシャンでもある新世代の発酵野郎なのであるよ。

若尾家は３００年以上前から続くブドウ農家。１９５８年（昭和33年）に自社のブドウを使ったワイン醸造をはじめ、亮さんはワイン醸造家としては3代目。しかしその経歴はけっこう異色。30歳まで東京でミュージシャン（スカバンドのトロンボーン奏者）として活動し、結婚を機にパートナーの生家である若尾家に婿入り。そこから独学でワインを学び、今や立派な醸造家。しかも折々にＤＪイベントを主催したり、ミュージシャンとしての活動も継続するなど、なかなかにファンキーな人生を送っている。

江戸時代から続く若尾家は、ＰＡＲＴ５でも取り上げた国産ワイン発祥の地、勝沼の中心に位置している。山梨全体でおよそ80あるワイナリーのうち、30弱が人口わずか８０００人程の勝沼に集中している。つまりワイン醸造とブドウ栽培が地域の主産業。夏の終わり〜秋頃になると、町のあちこちからブドウが醸されるかぐわしい匂いが漂ってくるほどだ。

シャトー・メルシャン、マンズワイン、シャトレーゼなどの大きなワイナリーもあるが、大半は家族経営の小さなワイナリー。マルサン葡萄酒はなかでも最も小さい規模で、生産本数は７２０㎖瓶でおよそ２５０００本程度。しかもそのうちの半分弱は地元のワイン好きと直接契約しているので、小売店や飲食店には卸されない。

「つまりヒラク君は何が言いたいのかね？」

要は地元の人しか飲めない、超ローカルワインだってことさ。

都市部の量販店や飲食店に卸されるワインは、ある程度の生産量がある一部のメーカーのものだけ。それ以外は地元の熱心なワインファンが飲んだらほぼおしまい。しかし。そういう小さなメーカーほど、他にはない個性的なワインをつくったりするんだよ（ＰＡＲＴ５に登場した旭洋酒も同様）。

ローカルワインを飲みたかったら、山梨まで足を運ばなければいけないんだけど、その価値はじゅうぶんにある。秋の新酒シーズンに、ブドウの紅葉を見ながらワインを愛でる……なんてなかなか風情のある遊びだと思わないかい？　「ぜひ行きたい！」という人は僕までご一報ください。時間があえばアテンドするよ。

さて。そんなマイクロ・ワイナリーの筆頭格のマルサン葡萄酒のワインはどのような特徴があるのだろうか。

僕が亮さんの甲州ワインを初めて飲んだ時の印象は「オーガニックかつ斬新！」というもの。ほら、最近の音楽でも、何十年も前のブルースやソウルミュージックの伝統を現代的にアレンジするミュージシャンがいるでしょ（ノラ・ジョーンズ※4とか）。ああいう感じなんだよね。なんとなく素朴な「古き良き葡萄酒テイスト」も残しつつ、しかしただほっこりしているだけでは終わらせないイマドキ感も同居している。

この個性は、亮さん独特の「伝統との距離のとり方」に起因するものだ（たぶん）。甲州ワインの伝統を踏襲しつつ、ディテールにおいて新しいセンスを導入する。例えばノラ・ジョーンズの音楽を分解してみると、基本は古いブルースやソウル。しかし歌いまわしがイマドキっぽかったり、楽曲のアレンジやレコーディングに最新トレンドが強く反映されていたりする。この「基本はルーツ、細部はトレンド」というバランス、亮さんはどのようにワインで表現しているのだろうか。

「甲州ワインは、もともと完熟した甲州ブドウをギュッと搾った葡萄酒。そこには果皮の渋みとか、熟したブドウ特有のまるい甘味が反映される。こういう特徴は、最近のワインのトレンドとは相反するところもあるんだけど、あえてそれに挑戦しようと思っている」

具体的に見てみよう。まずブドウの収穫タイミング。甲州ブドウは、ヨーロッパのワイン専用ブドウよりも収穫期が長い。9～10月の2か月のあいだのどのタイミングでブドウを摘むかでワインの仕上がりが大きく変わる。最近のトレンドではなるべく早め（9月前半）に摘む。早熟の甲州ブドウには柑橘系の酸味と香りがあり、キレのある香り高いワインになる。しかし亮さんはあえて10月後半にブドウを摘む。すると酸味と香りが抑えられた、穏やかでジューシーな旨味のあるワインになる。このジューシーさが、素朴な「葡萄酒テイスト」を醸成する。

次にブドウ汁の搾りかた。高級ワインのトレンドでは「フリーラン果汁」と呼ばれる、ブドウの自重だけで自然に流れ落ちてくるブドウ汁で醸すワインがある。この「プレスをかけないスタイル」によって、澄んだ飲みくちのワインができる。しかし亮さんはそのトレンドを知ったうえで「あえて」強めにプレスをかけてブドウ汁を搾る。強くプレスすることで、ブドウ汁に果皮の渋みが加わる。この渋みを「雑味」と捉えるのではなく「奥行き」として再解釈するのだね。

マルサン葡萄酒の人気銘柄である「醸し甲州」では、さらに複雑なオペレーションが加わる。発酵を行うまえに、ブドウを搾らずに果皮と一緒に数日間発酵させる「醸し」と呼ばれる過程を経る（フランスワインにおけるマセラシオン・ペリキュレールと呼ばれる手法だ）。この「醸し」の工程によって、日本酒における生酛の酒母づくり、味噌や醬油における木桶仕込みなどのような「複雑系の味わい」を呼び込むことができる。この過程を経た亮さんの「醸し甲州」は、スッキリ飲みやすい軽めの白ワインの風味ではない。旨味と渋みとコクと酸味、さらにブドウらしい甘味が分厚いホーン・セクションのように折り重なって奏でられる。適度に飲みごたえがあって、かつ和食にもあわせられる優れた食中酒だ。

亮さんらしいセンスの「細部に施されたトレンド」とは、「適度な重さ」と「食事の合わせやすさ」だ。前の世代の甲州ワインと比べると、亮さんのワインはドライで、飲みくちがずっしりしている。酵母をじゅうぶんに働かせ、適切に発酵をコントロールすることで、葡萄酒テイストを「野暮」ではなく「粋」に転化している。

「最近のワインのトレンドももちろんある程度は知ってるよ。だけど、甲州ワインのカテゴリーのなかでどこまでやれるのかっていう興味が勝っちゃう。海外の美味しいワインを飲んでる人にも『甲州ワインって美味しいじゃん』と思ってもらえるようなものをつくりたい。俺にとって甲州ワインの伝統は『縛り』であると同時に『拠って立つアイデンティティ』なんだよね」

このスタンスは、彼の愛するスカ・ミュージックと共通のものだ。スカ・ミュージックは、レゲエの起源になった独特のリズムを持つジャマイカのルーツ音楽のこと。ラスタファリズムという土着宗教の音楽と、アメリカからもたらされたジャズが合体した「伝統と革新のいいとこ取り」なスカ・ミュージックは１９６０年代以降、ジャマイカから世界中に広がり、ソウルやロック、パンクミュージックなどの要素を取り込んでいった。

「ルーツを尊び、トレンドを取り込む」

これがスカ・ミュージックの精神性であり、亮さんのワインづくりのコンセプトだ。ルーツという「縛り」を、トレンドによって破る。このダイナミズムが文化をつくるのであるよ。

ワインづくりの次は、亮さんのワークスタイルを見てみよう。夏から秋にかけての仕込みの時期にマルサン葡萄酒のワイン蔵を訪ねると、レコードプレイヤーから流れるスカ・ミュージックを聞きながら楽しそうに働く亮さんの姿がある。ワイン醸造はたいへんな重労働なのだが、彼はいつでもご機嫌だ。

「仕事が楽しくて仕方ない。ワイン畑から見える勝沼の景色を眺めていると、毎日幸せな気持ちで働ける。頑張って良いブドウを育てて、そのブドウで良いワインを工夫してつくって、蔵に訪ねてくるお客さんがそのワインを美味しそうに飲んでくれる。自分が何の仕事をしているのか明快じゃない？　曲つくってライブしてお客さんが盛り上がる。音楽のそういうシンプルな面白さをワインづくりにも感じるんだよね」

と言うとおり、ワイン醸造は原料のブドウ栽培から発酵工程の管理、熟成や瓶詰めまで全ての工程を醸造家自身が見る。だからこその重労働なのだが、良いものができた時の手応えは格別だ。マルサン葡萄酒のようなローカルワイナリーの仕事は、小さい規模だからこその「全体性」を内包している。ひとりの個人が、様々なパーツを組み合わせてひとつの世界観にまとめていく。この「全体性」こそが、仕事におけるプロセスのひとつひとつに意味を与える。音楽と一緒で、個別の要素がうまい具合に組み合わされて

▶醸造家プロフィール#4

山梨県甲州市勝沼

マルサン葡萄酒 醸造家 若尾亮《わかおりょう》さん

【つくっているもの】 **ワイン**

【蔵の特徴】 **地元のブドウで仕込む**

甲州ブドウをはじめ、地域で育つブドウを使用

【扱う菌】 **酵母・乳酸菌**

酵母▶ワイン醸造用の種を購入

乳酸菌▶蔵に住む乳酸菌

醸造家の感じる【発酵のバランス】 **醸造技術2：原料7：微生物1**

ブドウの質でほとんどが決まる!

【オフの時間は…】 **ライブ出演やDJイベント**

あとは子どもとのんびり遊んだり…

自分にとって【ワインとは…】 **山梨の地酒**

「いい感じ」になる。いくら良いミュージシャンが揃っても、バラバラに演奏しているだけでは「いい感じ」の音楽にはならない。それぞれが同じ世界を共有しつつ、同時にそれぞれの個性をぶつけあいながらセッションすることではじめて素晴らしい表現が生まれるのであるよ。

この個性のぶつかりあいは、勝沼という土地全体にも言えることだ。

「勝沼は、ワイナリー同士がお互い仲良し。共同で勉強会をしたり、お互いのワインを飲み比べて技術の交換をしたりする。ここではワイナリー同士は競合じゃなくて仲間。ウチは伝統を大事にしてワインをつくっているけど、ヨーロッパっぽいワインを目指しているところもあるし、小さいところも大きいところもそれぞれ個性が違う。だからこそ自分の立ち位置が見えてくる」

という亮さんの言葉を聞くと、ますますスカ・ミュージックのことを思い浮かべてしまう。

黎明期にスカタライツ[※5]などの本場ジャマイカのオリジネイターたちがスタイルを確立すると、イギリスのスペシャルズ[※6]がスカとロックを融合させ、アメリカのサブライム[※7]がヒップホップやソウルとスカを合体させた。ルーツを共有しつつ、スタイルの違うミュージシャンたちが切磋琢磨することでスカ・ミュージックの文化はポピュラリティを獲得していった。

甲州ワインの現在地も同じかもしれない。１５０年以上続く土着のルーツを共有しながら、よりルーツを深めるヤツもいれば、外の世界を目指すヤツもいる。優しくスイングするスタイルもあれば、パンクにシャウトするスタイルもある。この振れ幅の豊かさが、文化のクオリティを担保する。

亮さんをはじめ、甲州ワインの新世代の醸造家たちは「ともに文化をつくっているワクワク感」を共有している。ただ歴史を受け継ぐだけでなく、自分たち自身が歴史をつくっていくワクワクが、働くことの充実感をもたらしている。

手づくりであることの意味

日本酒、味噌、醤油、ワインという4つの異なる領域で活躍する醸造家たちを見ていると、いくつかの共通点があらわれてくる。

まず「手づくり」であることの意味。今回取り上げた4者は、規模や醸造法の違いはあれど「人間の手でつくること」を強く意識している。技術だけで見るならば、酒でも調味料でも１００％機械によるオートメーションだけで生産することは可能だ。実際量販店で手軽に買える発酵食品の多くが、醸造家の手が介在しない商品であったりする。

オートメーションでつくっても美味しければいいのだけれど、正直僕にとって「グッとくるもの」はほとんどない。僕は最初から「手づくり」のものを優先的に選んでいるわけではない。「グッとくるもの」を追い求めたら、結果的に「手づくり」のものになってしまった。

そうなってしまうのには理由がある。まず、人間の手で細かく調整しながらつくる発酵食品には「クセ」や「揺らぎ」がある。これがプロダクトの個性をかたちづくる。すんなり消化できない、なんとなく引っかかる「はてな？」こそが、あえてそのプロダクトを手に取りたい理由になる。

次に、醸造家からのメッセージが明確に伝わるという良さもある。発酵食品の楽しみとは、食べることを通してつくり手と対話することだ。醸造家自身がどのような感性や美意識を持っているのか、それが伝わってくるものが魅力的なんだよね。コミュニケーションのある発酵食品は、味わった体験が楽しく、深い。

最後に発酵食品特有の要素。手づくりのプロセスによって「複雑性」を呼び込むことができる。未知の微生物による、未知の代謝作用によって風味の「クセ」や「揺らぎ」が増幅する。この複雑性は、コントロールを誤るとカオスな風味を生み出してしまうが、うまく取り込められれば、醸造家が最初にイメージした仕上がりの斜め上に突き抜けられる可能性がある。新政の杜氏、古関さんチームの働きぶりを見ていると「カオスに挑むプロセス」そのものに働くことの喜びがあることに気づく。未知の要素が排除されたものづくりでは、現場のモチベーションは全然アガらない。それはクリエイションではなく、単なるオペレーションだ。創意工夫が生まれない職場は熱気を失い、やりがいを求めるやる気のある若者は定着せず、どんどん高齢化していく顧客とともにじわじわと滅んでいくことになりかねない。

「手づくり」のプロダクトはオートフォーメーションのものよりも情報量が多い。不確定なもの、揺らいでいるもの、未知のものは排除すべきノイズではなく、作り手と受け手のコミュニケーションの密度を濃くするための「隠し味」なのであるよ。

人間の創意工夫をこらす「手づくり」は、頑なに伝統を維持するための「守り」ではない。むしろ新たな価値観を創造するための「攻め」なのだな。

せっかく仕事するんだったら、楽しくやらなくちゃ。かける手間のひとつひとつに価値が宿るように。つくるプロセスのひとつひとつに、驚きとよろこびが満ちるように。

酒と調味料に見る、伝統と革新

とりあげた4人の醸造家のうち、日本酒とワインは嗜好品、味噌と醤油は調味料だ。

嗜好品と調味料を比べてみると、デザインに対する微妙な志向の違いが見えてくる。嗜好品は「驚き」や「新たな価値観」生み出すことがカギになる。現代美術のように、系譜を意識しながらも常に前の世代にはなかったようなサプライズをもたらすことが醸造家の腕の見せ所だ。つまり「変わり続ける」ということが大事になるんだね。新政の古関さんは「生酛」という伝統の技術を継承しながらも、かつてなかった斬新な日本酒を目指し、マルサン葡萄酒の亮さんは「甲州ブドウ」というクラシックな原料にこだわりながら、しかしモダンなワインを醸している。

対して調味料はどうかというと「あえて大きく変えない」という志向性に現代性があるように見える。味噌や醤油は毎日かならず使う「日用品」であり、日々の食卓の味の方向性を決める「料理の基準点」だ。この基準点をどんどん変えていくと、料理をする人が混乱してしまう。五味醤油の仁さんは、やろうと思えば新しい味噌を開発することができるのだが、あえてやらない。いつの時代でも揺るがない味を維持していくことを重要視している。ミツル醤油醸造元の城さんが目指すのは、祖父の時代のクラシックへの原点回帰だ。九州でメジャーな甘口醤油ではなく、あくまで本格の濃口醤油という「基準点」にこだわる。

「でもさ。アイデアもセンスも抜群の若い醸造家が同じことをやり続けて退屈しないの？」

いい質問だね。仁さんも城さんも別に新しいことへのチャレンジを放棄しているわけではない。メインの味噌や醬油自体はクラシックを守りつつ、しかしその調味料を使うシチュエーションを新しくデザインしているのさ。五味醬油なら手前みそワークショップだし、城さんの場合は飲食店と一緒にイベントをやりながら、醬油の使いかたをたくさん提案している。プロダクト自体に革新をもたらすのが嗜好品だとすると、伝統的なプロダクトの周辺に革新をもたらすのが調味料のデザインの現代性なのかもしれない。

発酵は人間らしさの象徴だ

新世代の醸造家はみんな遊び上手。

五味醬油の仁さんはスケーター、マルサン葡萄酒の亮さんはミュージシャン。ミツル醬油醸造元の城さんも無類の日本酒好き。カッコいいもの、美味しいものを楽しむセンスがある。酒にしても調味料にしても、食卓に彩りを添える食材だ。かつては酔えればいい、味がつけばいい、というニーズだったものが、今ではちゃんと納得いく美味しいものでないと選ばれにくい時代になった。

美意識が問われるプロダクトは、とうぜんつくり手に高いセンスが求められる。そしてそのセンスは遊びのなかで育まれるんだね。美味しいものを味わったことがある人が、美味しいものをつくることができる。

今回紹介した4人の醸造家は、オフシーズンや仕事の合い間にそれぞれの趣味を楽しんでいる。それは単なる息抜きではなく、より良いプロダクトをつくるためのセンスを育む時間だ。テクノロジーの進化によって醸造技術が標準化された現代において、ただ単にいっしょうけんめい仕事に打ち込むだけでは価値はつくりだせない。ビジネスにおける努力とは別に、遊びを通してセンスを磨くことで、標準化されたプロダクトにはマネできないユニークな価値を生み出すことができる。

そういう意味で、新世代の醸造家は技術を司る職人であると同時に、価値をデザインする表現者としての真価を求められている。従来の業界の常識や市場のニーズに従うのではなく、新しいモノサシを、自分の価値観でつくりだす力が求められる。

よく遊び、よく考え、よく働く醸造家たちはみんなやたら楽しそう。彼らにとって仕事は遊びで、遊びは仕事。お客である人間たちと、発酵を司る微生物の声に耳を傾け、自分のセンスを信じてものづくりに励む醸造家は、未来の文化の舵取り役だ。

「テクノロジーが進化していくなかで、発酵文化にはどのような未来が待っているの？」

と、イベントで質問されたことがあった。僕が思うに、今回紹介した醸造家たちのものづくりや哲学のなかにその答えがある。遊びを通してセンスを磨き、新たな価値のモノサシをデザインし続けていく。自分の手の感触を通して、揺らぎや複雑性をうまく取り込んでいく。原料や微生物の力に委ねることで、予測できないサプライズを歓迎する。最初に全てを見通してデザインするのではなく、つくりながら考える。感じながら変えていく。質を高めると同時に質の定義を変える。自分を信じながら、自分でもないものに身を委ねる。

ミクロの自然のなかの不確実性に飛び込んでいく覚悟と喜び。
そう。発酵とは人間らしさの象徴なのだ。

※1　宮沢賢治『狼森と笊森、盗森』引用。

※2　明治政府が設立した日本醸造協会が頒布している酵母。日本酒や焼酎などの醸造において標準となっている。

※3　ショートパスで細かくボールをつなぎ続ける超攻撃的なサッカースタイルで伝説になった。

※4　アメリカのジャズミュージシャン。ソウルやカントリーなど様々なルーツミュージックを取り入れたオーガニックな楽曲が特徴。

※5　64年に結成した伝説的なスカグループ。アメリカから持ち込まれたジャズやR&Bと地元にあったメント、カリプソといった土着な音楽から独自の音楽を生み出した。

※6　イングランドのロックバンド。ツートーンと呼ばれるパンクとスカを融合させたスタイルを確立。
※7　90年代にアメリカで熱狂的に支持されたミクスチャーバンド。

解説

PART6のテーマは「醸造家の働きかた」。

醸造家の仕事の現場を通して、地域の経済や新しい世代のワークスタイルを考えてみました。

章の冒頭で引用した宮沢賢治の短編童話『狼森と笊森、盗森』は、短編集『注文の多い料理店』に収録されています。いいオトナになって宮沢賢治を読み直すと、そこに実践的な農業体験から生まれた独特の自然観があることに気づいて感銘を受けます。この人、ただの童話作家じゃねえぞ……！

労働を通した神や自然との対話については、社会思想史の大家、今村仁司の『交易する人間（講談社）』からのほぼ受け売り。モースおじさんの『贈与論』を現代の文脈で読み解いた隠れた名著だと思っています。今村先生が翻訳した社会学者ヴァルター・ベンヤミンの『パサージュ論』は僕の人生を変えた運命の本でした。

日本における醤油文化の現在地については、同年代の新鋭、高橋万太郎と黒島慶子の『醤油本（玄光社）』を読むとよくわかります。業界規格から醤油の種類、蔵元の紹介から醤油にまつわる豆知識まで、醤油文化の楽しさをコンパクトに楽しめます。センス良いなあ！

「働くとは何か？」という問いに向き合うのには、西村佳哲さんの『自分の仕事をつくる』がオススメ。様々な職種で活躍する人たちの現場に深く密着した密度の濃い本です。

【参考文献】

『注文の多い料理店』宮沢賢治　新潮社

『交易する人間（ホモ・コムニカンス）』今村仁司　講談社

『醤油本』高橋万太郎、黒島慶子　玄光社

『自分の仕事をつくる』西村佳哲　筑摩書房

Column 7
発酵ムーブメントの見取り図

　僕が発酵文化に関わる活動を始めた当時を振り返ってみると、給食センターのおばちゃんたちが「そこのぼうや、一緒に手前みそ仕込まない？」と誘ってくれたぐらいで、若い人からの関心はほぼゼロからのスタートでした。この当時、発酵といえば「美味しいもの好きなおじちゃん・健康志向のおばちゃんの趣味」だったんですね。

　そこから10年弱が経った2017年。

　オシャレなファッション誌やライフスタイル誌が発酵特集で僕の活動を取り上げてくれたり、都心のアートギャラリーからIT会社のイベントスペースで手前みその仕込みや利き酒のワークショップをお願いされたり、もはや発酵が食や健康のいちトピックスであることを超えて「カルチャー」になりつつあるのを感じます。

　さてそんな「発酵ムーブメント」がどのように発展しつつあるのか。僕なりに整理してみました。

構造としては、主要な４つのキーワードの周辺に、様々なカテゴリーが紐付いています。

左の図を解説しながら、発酵ムーブメントの現在地を確認してみましょう。

オーガニック

最初のターニングポイントは、２０１１年以降。環境や自分の生活環境に不安を抱える人たちが発酵に興味を持つようになりました。日本酒や和食好きな「趣味人のおじさん&おばさん」ではなく、若いお母さんたちや、地方で一次産業や教育に関わる人たちが僕のイベントに参加するようになります。

マクロビや菜食主義の実践者、伝統文化の継承に関心があり、精神世界にも深く興味を持つ、ざっくり言えばオーガニック志向の人。こういう人たちに発酵が「未来の方向性を示してくれるもの」あるいは「足元の文化を見直すきっかけ」と捉えられるようになったのですね。

美容

それからちょっと遅れて、今度は美容と発酵が結びつき始めます。発酵食品を食べてカラダをキレイにしていつまでも美しく健康でありたい！　という欲求です。これには実は技術の進歩が背景にあります。今まで謎に包まれていた人間の腸内細菌環境や皮膚の常在菌などのメカニズムの解析が進んできたことによって、微生物によって体質コントロールができる可能性が見えてきたのですね。サプリメントや美容法の延長線上に発酵があるわけです。

オーガニック志向の人たちとは明らかに違う、キラキラな見た目と元気さ。みんなアクティブで勉強意欲がとっても強い。僕のイベントにも毎回1〜2人は発酵美女がいらっしゃいますぞ。

ライフスタイル

この本のきっかけになった雑誌『ソトコト』の特集「発酵をめぐる冒険」や、熱狂的なファンの多いカルチャー誌『SPECTATOR』の「発酵のひみつ」以降から、カルチャーやライフスタイル（カタカナ表記が重要！）として発酵が注目されるようになりま

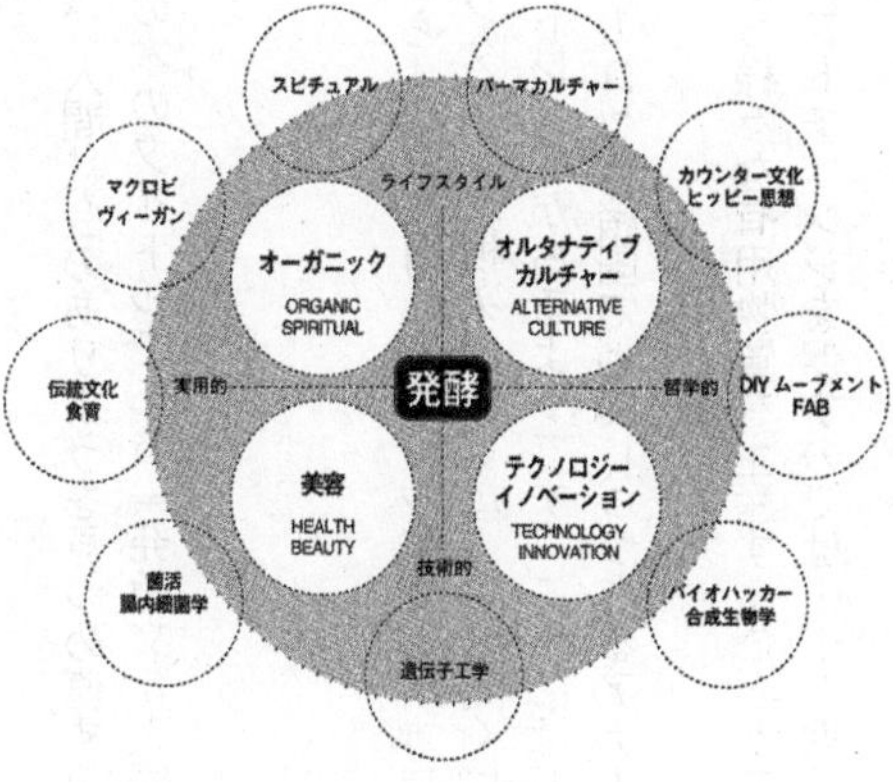

した。ローカルカルチャーの再認識とともに、パーマカルチャーに代表される農的ライフスタイルや政治意識の強い対抗文化に関心のある人たちをアツくさせる何かが発酵にあるようです。

この文脈においては、生物学的な現象を超えて、人間社会のありようを見つめ直す哲学的な方法論として機能しているようです。この本のタイトルである『発酵文化人類学』もまさにこのような文脈から生まれました。

イノベーション

一番新しいのがこの流れ。2015年くらいからITやクリエイティブ業界のトップランナーから「発酵に興味あるんだけど」とコンタクトが相次ぎました。話を聞くに「ITの次はバイオのイノベーション!」というトレンドがあるようです。これにはどんな背景があるのかというと、アメリカや一部ヨーロッパ諸国で勃興しつつあるアナーキーなバイオテクノロジーなんですね。

遺伝子組み換えの技術の発達により、微生物から様々な有用物質を生産することができ、化石燃料を大量消費する20世紀型の産業のシフトチェンジを促すのでは……と期待されています。

同時に、IT黎明期のようにギーク(テクノロジーオタク)たちの興味の対象になり始めています。

DNA解析や細胞培養の技術のコストが劇的に下がったことにより、大学の研究室の外にいる人たちが、まるでプログラミングコードを描くように生命の操作ができる可能性が見えてきたわけですね。ITのリテラシーで生物学のハッキングをする「バイオハック」の流れが、日本でももしかして流行るかも……!? という期待感が発酵のムーブメントと結びついていくのがおそらくここ数年のトレンドになるのでしょう。ちなみにこの辺は、FABやMAKERムーブメントとも相性が良いです（実験器具を自分で設計する、という発想）。

こうやって見取り図をつくってみると、ものすごく多様なトピックスが関連づけられているのにビックリします。僕が発酵を学び始めた頃にはこんなことになるとは考えも及びませんでした。

で、この広大な領域のなかで発酵デザイナーはどうなのよって話ですよね。

僕のスタンスとしては、オーソドックスな発酵醸造学の系譜をベースに、バイオテクノロジーの新たな流れや文化的な潮流をなるべく多くの人に楽しく伝えていけるといいなと思っているのだぜ。

PART 7

よみがえるヤマタノオロチ

発酵の未来は、ヒトの未来

原点回帰とイノベーションのはざまで

ヒトと見えない自然＝微生物を巡る旅もそろそろおしまいの時間。最後にホモ・ファーメンタム（発酵するヒト）の未来について考えてみよう。コラムでも取り上げたように、現在「発酵」というキーワードにはたくさんの領域の関心が紐付いている。これはもはや一過性のブームで済むものではなく、僕たちの未来に関わる本質的な問題が「発酵」という概念に内包されている。

なぜ、いま僕たちはこんなにも発酵が気になっているのか。この見えない自然の現象に、何を見出そうとしているのだろうか？

ここでこの本の重要なテーマである「自然の両義性」を思い出してほしい。ヒトの起源において自然はつねに「崇拝し、犠牲を捧げる神」であると同時に「自分たちに都合のいい利益を引き出す収奪の対象」という二面性を持っている。この自然に対するアン

ビバレントな感情は、つまり神さまに対する感情と同じだ。古代の日本人が、収穫した稲で醸した酒を神に捧げる時、

「貢物を納めるので、どうぞ飢饉や天変地異を起こさないでね」

という祈りと同時に、

「今年もいっぱい米がとれてラッキー！　来年はもっといっぱい収穫しちゃうぞ〜」

という計算も働いている。僕たちは常に自然を畏れ、同時に征服しようとする。豊穣と飢餓、祈りと収奪は同じコインの裏表だ。

この両義性は発酵、つまり微生物という見えない自然と人間の関わりにも投影される。前章のコラムでも取り上げたように、２０１７年現在「発酵」は様々な角度で切り取ることができるバズワードだ。例えば「オーガニック軸」で切り取るならば、それは「人間と自然の本来あるべき関係への原点回帰」の象徴。反対に「イノベーション軸」で切り取るならば、それは「バイオテクノロジーの最前線」の重要トピックスになる。「守り伝えるべき伝統」と「新たな技術革新」という正反対の軸がそこにはあるわけよ。「自然派」とラベルに書いてあるお味噌や醤油には「職人の匠の技」「無添加有機の原料」なんていうキャッチコピーが書いてあり、逆に生命工学の先端技術を駆使したプロ

ダクトでは「微生物の代謝を利用した革新的な素材！」というような未来感バリバリのキャッチコピーが謳われていたりする。

江戸時代の醸造法でお酒を醸すことと、微生物のエネルギーで車を走らせることは「人間に有益な微生物のはたらき」という意味でどちらも「発酵的」と言える。両者における違いは微生物＝見えない自然に対する人間側のスタンスなのであるよ。

冷たい社会と熱い社会

それではもう一度フランスの文化人類学者レヴィ＝ストロース御大に登場してもらおう。ＰＡＲＴ２で取り上げたブリコラージュと並ぶ重要な概念として「熱い社会」と「冷たい社会」の対比があるのだが、これが現代における「発酵」の捉え方の分水嶺として適用できる。

「熱い社会」とは、平たく言えば「直線的に進化する社会」のこと。昨日より今日、今日より明日がより良くなるという、歴史的に発展を遂げる社会観のことだ。常に現状を批判的に見て、改良と変化をくわえることが人の営みの原動力になっている。これはつまり、いま僕たちが生きる「現代文明」のパラダイムでもある。常に変化を求めるから「熱い」社会なんだね。

対して「冷たい社会」とは、「円環的に循環する社会」のこと。「クラ」の交換ゲーム

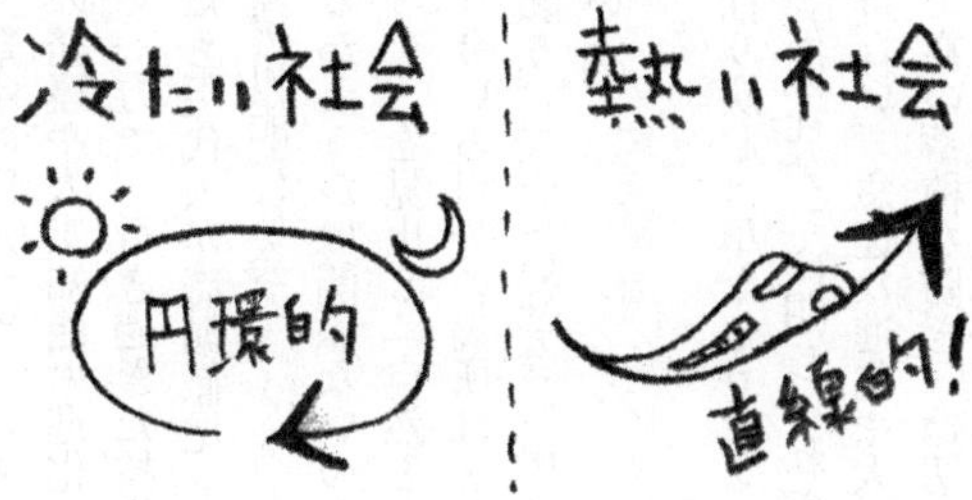

のように同じサイクルが永続することを目指し、もし変化や争いの原因となる富や権力の偏りが起きた場合は、ポトラッチのように偏りをリセットする仕組みが制度化されている。これは言うまでもなく文化人類学者たちが見た「未開文化」のパラダイムだ。根本的な変化が起きないから「冷たい」社会なんだね。

レヴィ=ストロースの炯眼は、近代文明が見下してきた「冷たい社会」を「未発達のもの」ではなく「あらゆる文化の基本的なオペレーションシステム」であると見抜いたことだ。「冷たい社会」は発展するにつれ、やがて「熱い社会」に進化していく……という見方はイージーすぎる。どんなに変化を求める社会にも、その奥底には循環と持続を求める感情や慣習が伏流している。レヴィ=ストロースがこの世界観を世に問うたのは今から50年以上前のことなのだが、これはまさに今僕たちが直面している「現代文明のジレンマ」の映し鏡だ。ていうか文化人類学の巨人たち、いちいち考えていることが先駆的すぎて困ります……！

　流通の発達や人工知能の進化によってライフスタイルが変わり、国境の壁がなくなっていく。一方で、行き過ぎた技術の向上に不安になり、持続可能性や多様性を主張する。もし僕たち現代人が徹頭徹尾「熱い社会」に生きる新人類であるならば、「伝統を守ろう」「持続可能な社会をつくろう」なんて言わないはずだ。進化を至上命題とするなら、持続するかどうかは関係ないのだから。しかし僕たちは「民族のルーツ」に自分のアイデンティティを見出し「自然との共生」を夢見て道路建設や海岸の埋め立てに反対したりする。今いる自分の場所はまやかしであり、過去の歴史に「戻るべき場所」があるはずだと願う。「冷たい社会に戻ろう」という揺り戻しが少なからぬ数の現代人を突き動かしている。

　この揺り戻しは単なるロマンティシズムではない。実用的なサバイバル術なのであるよ。「冷たい社会」は閉じられている。限られた場所にある資源だけで食っていかなければいけない。急速な進化や大きな争いは資源の枯渇を招く。だから盛大な祭りやポトラッチで富の蓄積を防ぎ、適切な規模の人口を維持し、贈与のシステムによって争いを防ぐ。社会の規範を「歴史の起源」に求めることで、急速な進化を制限する。その結果、コミュニティの構成員が生きていくことができる。これが文化人類学的な世界の理《ことわり》だ。

あらゆるフロンティアが開拓され、発展途上国が豊かになっていく現代社会は、実はトロブリアンド諸島と同じ「閉じた世界」になりつつある。急速な進化のための資源調達をする外部の世界がなくなったいま、これ以上の進化と拡大は無理ゲーなんじゃないの？　という疑いがでてくるのももっともな話だ。

一方で閉じられつつある世界の限界を「冷たい社会への回帰」ではなく「技術革新の最適化」によって突破しようという発想も当然出てくるわけよ。石油が無くなったら太陽光や風力をエネルギーにすればいいし、人口増加は農業技術のイノベーションによって補えばいいし、土壌汚染や水源枯渇の問題もそれを解決する新技術を開発すればいい。万が一人口増加が限界を迎えたら火星に移住しよう。技術が進化し続ければ、そのぶんだけ無限の「外部」が開拓できる。それはある部分は真実だし、ある部分では人間の傲慢だ。

僕自身、常にこの「冷たい社会」と「熱い社会」のあいだで揺れ動いている。きっとこの本を読んでいるアナタも同じはずだ。「オーガニック軸」の人は「冷たい社会」のほうに傾いていて、「イノベーション軸」の人は「熱い社会」のほうに傾いている。だけど、全部が振り切れているわけではなく、2つの軸のあいだを、その人なりのバランスで揺れ動いている。

この「進化」と「循環」の世界観のあいだで揺れ動くことこそが「人間らしさ」の証

なんだよね。

ブリコラージュとエンジニアリング

もっと突っ込んだ話をしよう。

スサノオがヤマタノオロチを酔わせて殺した瞬間に、ヒトは「自然を征服する神」の力を手に入れ、同時にその力のあまりの破壊力に恐れおののくことになった。殺したヤマタノオロチの尾から出てきた剣[※1]は、自然を切り刻んで人間の社会に取り込むことのできる究極の編集ツールだったのであるよ。

伝統的な発酵技術において、醸造家は微生物や自然の引き起こす現象をよく観察し、その特性にあった環境をしつらえることで人間に役立つ利益を引き出してきた。自然の摂理に、人間のほうが寄り添うという発想だ。醸造家と話をすると、

「自分が何かをつくっているという感覚よりも、自然の力を引き出すお手伝いをしている」

という実感を持つ人が多い。プロの醸造家でなくても、素人が自分で手前みそを仕込ん

でみると、微生物が時間をかけて大豆を味噌に変質させていくプロセスに畏敬の念を持つようになる。この文脈においてヒトは「大いなる自然の一部」であり、発酵食品を仕込むのは「大いなる自然から恵みをいただく」という自然→ヒトへの贈与のプロセスと言える。

この世界観は実にピースフルだし、安心感ハンパない。しかし僕たち人間はこのピースフルな世界にずっと留まってはいられないようだ。

ブリコラージュの発想では、自然の特性にあわせてプロダクトをつくる。しかし現代的なエンジニアリングの発想では、プロダクトにあわせて自然の特性を改変する。つまりヒトの摂理に自然を寄り添わせるという逆転現象が起きる。

生物の働きを、人間が望むようにコントロールする。もし望む働きをできないのなら、できるように生物を改変してしまえばいい。生命を切り刻んで分解し、新しい機能をもった生物をつくりだせば、僕たちの社会はより進化し、よりよい暮らしが実現できるはずだ。現代におけるテクノロジーの超発達は、もうすでに新たな「ヤマタノオロチの剣」を僕たちにもたらし始めている。

「クリスパー」の登場とDNAのデザイン

化膿レンサ球菌という、「人食いバクテリア」として恐れられる病原菌がいる。こいつはまるで鋭いカッターのような働きをする酵素を出して、取り付いた生物の生命構造をズタズタにしてしまう。この菌にやられると身体の組織が壊れて溶け出してしまうので「菌に食べられた」という表現になるのだね。

フツーに考えればあんまり関わりたくない、恐ろしすぎる化膿レンサ球菌。しかしここ数年、この微生物に由来する「カッターのような酵素」を使って、生物の遺伝情報を切り刻んで編集する「クリスパー[※2](CRISPR-Cas9)」という技術が登場した。ヒトに害をなすミクロのヤマタノオロチから、ヒトの未来を左右するミクロの剣を取り出してしまったのだね。

このクリスパーは、一言でいえば「DNAのカット&ペーストツール」だ。特定の生物の遺伝情報を切断(カット)して、他の場所に移植(ペースト)することができる。生物に特定の機能を付け加えたり、あるいは不要な機能を削除することができる。つまり生命情報を編集することができちゃうんだよ。

「えっ、それってつまりどういうこと? ムズかしくない感じで説明してよ」

いいとも。それではこれから生物学の最先端にダイブするよ。

まずクリスパーの原理を理解するためには、ＤＮＡとは何か、生命情報とは何かをおさえる必要がある。よく「日本人のＤＮＡが……」とか「我が社の遺伝子は……」とかファジーに使ってしまっているが、もちろん工学的な定義がちゃんとあるのさ。

それでは順番に解説していこう。まずＤＮＡとはそもそも何なのかというと「生命情報を記述する構造体」だ。

本に例えてみよう。本は「言語」で書かれている。情報を伝えるシステム体系である「言語」がＤＮＡにあたる。次に遺伝子。遺伝子は「ＤＮＡのなかの特定の機能をもったまとまり」のこと。リンゴという単語は「リ」「ン」「ゴ」と３つの文字がまとまることで赤い甘い果実を指す「特定の機能」を持つ。これを遺伝子だとイメージしてほしい。そしてたくさんの遺伝子の情報が集まって組み上げられた本のことを「ゲノム」という。ゲノムとはある生物における「全遺伝情報の集まり」だ。

そして「どんなコード（記号）で構成されるか」というのもポイント。英語という情報フォーマットでは、アルファベットを中心とする数十文字のコードで本が書き上げられる。それがＤＮＡの情報

DNAに関するボキャブラリー整理

DNA：生命情報を記述する構造体
RNA：DNAの転写物。アミノ酸をつくる
ゲノム：ある生物の全遺伝情報
遺伝子：ゲノム中の特定の機能をもった部分

フォーマットではなんとわずか４文字（Ａ／Ｇ／Ｃ／Ｔ）のコードで全生命情報（ゲノム）が書き上げられる。

つまり、ＤＮＡとはわずか４文字のコードを使って生命のはたらきをプログラミングする仕組みのことだ。この仕組みは乳酸菌も草木も人間も、地球上の全生物に共通[※3]している。

では次にＤＮＡが具体的に生命をデザインしていくプロセスを見てみよう。

ＤＮＡはＰＡＲＴ４で解説したＡＴＰのように「物質であり情報である」という二面性を持っている。「物質」としてのＤＮＡを取り出してみると、リン酸（ＡＴＰの重要なパーツ。ＰＡＲＴ４で出てきたね）が連なってできた２本のヒモのあいだに、Ａ（アデニン）Ｇ（グアニン）Ｃ（シトシン）Ｔ（チミン）という４つの塩基物質がペアで並び、糖で連結されているという構造だ。この２本のヒモと４つの塩基物質でできた長いハシゴがよじれると、かの有名な「二重らせん構造」になる。実際に分子模型で組み立てるとわかるのだが、各パーツが結合する凹凸や角度が絶妙にデザインされて、勝手に秩序だった二重らせんができてしまう。最初にこの構造を発見した研究者はさぞやビックリしたはずだ。

さてこの二重らせんの間に挟まれた４つの塩基物質が、生命情報を記述する「アルフ

DNAの構造

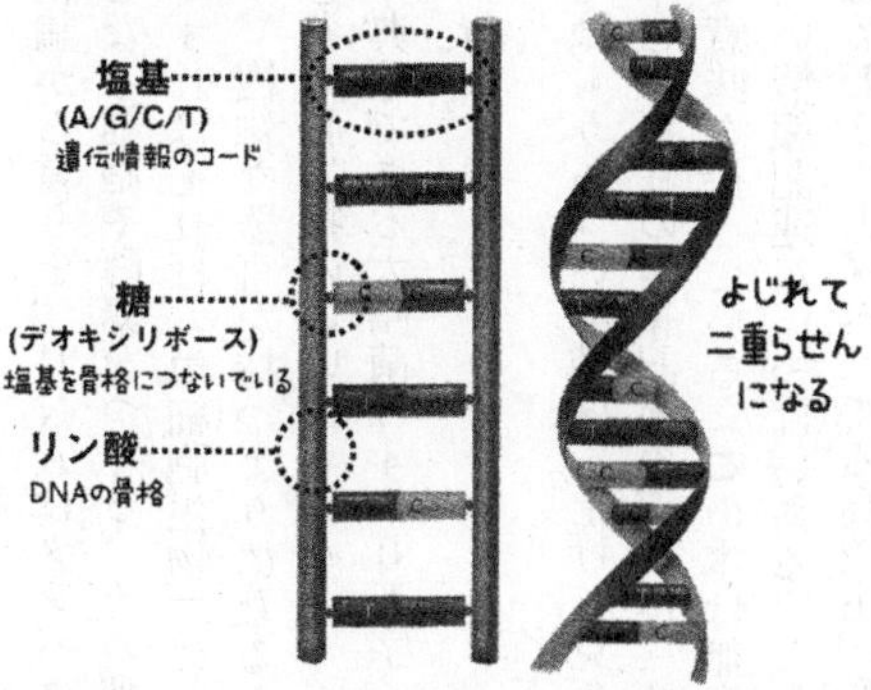

ァベット」になるわけだ。この４つの塩基物質の配列がＤＮＡの「情報」としての側面だ。ＡＧＣＣＣＴＧＧＴＣＣＡＴＡＧＣＣＴＴＡ……というように、４つのアルファベットが何十万、何百万と連なって生命のカタチと機能がデザインされていく。乳酸菌には乳酸菌の配列があり、人間には人間の配列がある。しかし基本的な「配列のルール」は共通だ。ルールが共通なので、乳酸菌と人間のあいだでエネルギーや栄養のやりとりができるんだね（詳しくはＰＡＲＴ４を思い出してね）。

ＤＮＡは非常にシンプルかつ合理的にデザインされた「生命の設計図」なのであるよ。

生命はどのように設計される？

さあ次に進もう。

ＤＮＡを「生命の設計図」だとすると、その設計図からどのように具体的な生命がつくられていくのだろうか。これにもちゃんと秩序だったプロセスがあるんだよ。

結論から言うと、ＤＮＡはタンパク質をつくる。このタンパク質は生物のメインパーツとなる細胞や酵素をつくる。その細胞が動いて酵素を出し、エサを食べたりウンチしたりすればそれは「単細胞生物」になる（乳酸菌とかね）。さらにたくさんの細胞が集まり、複雑な器官を持つようになると「多細胞生物」になる（人間とかね）。単細胞生物と多細胞生物の違いは「アルファベットの配列の違い」に起因する。例えば単細胞生物の典型である大腸菌は４６０万字くらいの「短編」だが、人間は30億字もある「大長編[※4]」だ。

ではもうちょい解像度を上げて見ていこう。

本とＤＮＡの情報記述の違いは「ノイズの量」だ。通常本に書かれている文字情報は全て意味を持っている（この本は無意味な情報だらけだけど）。しかしＤＮＡには意味のない情報記述がいっぱいある。「ていうかー、もうなんかさ、マジで、お腹減った、っぽくね？」とダベってる高校生、あるいは「えー、あのその、つまるところ、日本における教育の問題は、いわゆるあの」と何を言いたいのかさっぱりわからない校長先生の挨拶のようなノイズがＤＮＡにはいっぱい入っている（特に高度に発達した生物ほどノイズ量が増える)。

DNAが設計図としてちゃんと機能するためには、まずノイズを取り除く必要がある。この「ノイズリダクション」の機能を持つのが「RNA」というシステムだ。詳しく説明するとややこしいのでバッサリ要約すると「全遺伝情報のなかで意味のある部分だけを切り出して、生命をつくる指示書として転写する」というのがRNAの機能。えーと、ムズカしいよね。なので僕がむかし勤めていたスキンケア会社の話をしよう。

その会社の社長は発想がかっ飛んでいて、すごいアイデアを出すんだけど社員には何を言っているのかよくわからない。そこで副社長がみんなにわかるように翻訳して伝えると「なるほどねー!」となって現場が動く。この「かっ飛んでいる社長」をDNA、「翻訳して伝える副社長」をRNAだとイメージしてね。「副社長(RNA)が翻訳した指示」によって、情報が物質に変換されるようになる。RNAの指示書によって「アミノ酸」がつくられる。このアミノ酸は全部で20種類あり、DNAの書かれたアルファベットの配列によって何がつくられるか決まる。アミノ酸がどんどんつくられていって整列していくと、やがてアミノ酸同士がくっつきあって鎖になり、その鎖が色んな方向に引っ張られて複雑な立体物になる。この鎖

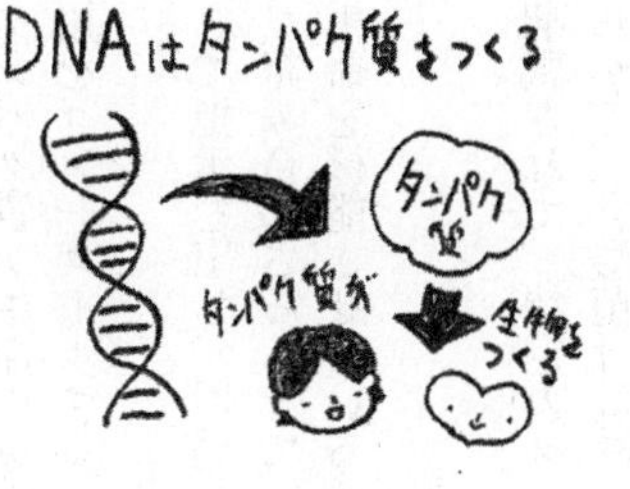

が三次元にからまりあった立体物を「タンパク質」という。このタンパク質が生命の身体をつくる細胞となり、ある特殊な一部のタンパク質が生物の代謝をコントロールする酵素になる。

社長がかっ飛んだ商品のアイデアを出し、それを副社長が翻訳して指示を出し、現場の社員がその商品の各パーツをつくり、そのパーツが寄せ集まって組み合わさることで商品になり、会社が機能する。そんな感じのプロセスでＤＮＡが生命を機能させているんだな。

ＤＮＡの機能を詳細に見ていくと、遺伝情報の一部がそのつど翻訳されて、特定のタンパク質が生産され、特定の物質や酵素がつくられていることがわかる。乳酸菌は乳酸を分解する酵素を生産する特定のアルファベット配列を持っている。この特定の機能を持つアルファベット配列を「遺伝子」と呼ぶ。酵母がアルコールをつくる遺伝子があり、麹菌が甘酒をつくる遺伝子があり、キリンが首を長くする遺伝子があり、人間がお酒が飲めるか飲めないかを決める遺伝子がある。遺伝子は生物情報を分解して取り出せる「プログラミングコード」だ。ホームページをデザインする時のＨＴＭＬや、システムをつくるときのＪａｖａスクリプトのプログラミングコードと同じようなものなのだね。たくさんのプログラミングコードが組み合わされてホームページやシステムができるように、たくさんの遺伝子が組み合わされて生物ができている。

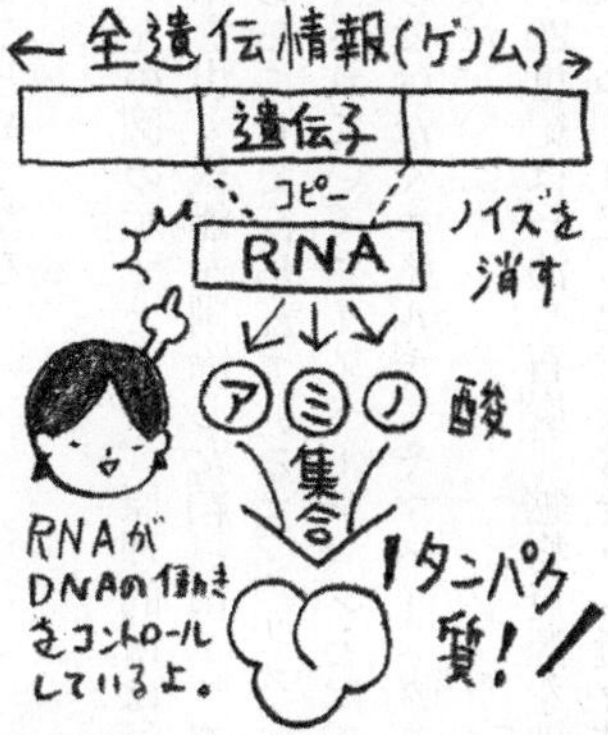

つまりだな。生命システムは遺伝子によってプログラミングされる「情報工学」なのであるよ。

遺伝子を編集し、生命をデザインする

さあ、ここまで説明すればクリスパーの基本原理を理解できる。

「生物の遺伝情報を切り刻んで編集できる」とアウトラインを説明したが、これはつまり全遺伝情報（ゲノム）から「特定の機能を持つ遺伝子」を切り出して、他の場所に移しかえるという方法論なのだね。化膿レンサ球菌のもつ「特定の遺伝配列を記憶する」「記憶した部分をピンポイントで切断する」という特殊な能力を応用して遺伝子のコピー＆ペーストを行うわけだ。遺伝子を情報工学的に扱うことで、生物の機能をコンピューターのソフトウェアのようにイン

ストールしたり削除したりできる。

この技術を生物に適応すれば、機能不全に陥っている遺伝子を再び機能させたり、反対に邪魔な遺伝子を機能不全にすることもできる。しかもクリスパーの技術は、単体の生物のなかの遺伝情報を編集するだけでなく、複数の生物のあいだで遺伝子を移し替えることができる。

左の図の示すとおり、原理的には酵母のアルコールをつくる機能を移植した細菌や、糸を引く機能を削除した納豆菌がデザインできてしまう（実際にこのような実験はもうあちこちで行われている）。クリスパーのような「生命のデザイン」がもたらす（と期待されている）イノベーションとは、人間の望むように生物の機能を改変し、食べ物だけではなくエネルギーやマスインダストリアルに使える様々な素材を生産するような未来だ。

20世紀は石油や石炭、鉱物資源を地中から掘り起こして、かつてないほどに巨大な産業をつくりだした。でもそれも近々枯渇しちゃうから、21世紀は石油や鉱物資源のかわりに、自分で無限に繁殖する生物を枯渇しない資源として今までの産業をさらに発展させようぜ！　というのがバイオ産業に期待される「明るい未来」なのだね。

「熱い社会」はつねに進化を加速するための資源を「外部」から調達する。

その前提で言えばだよ、僕たちはいま「生命というフロンティア」から資源をどんど

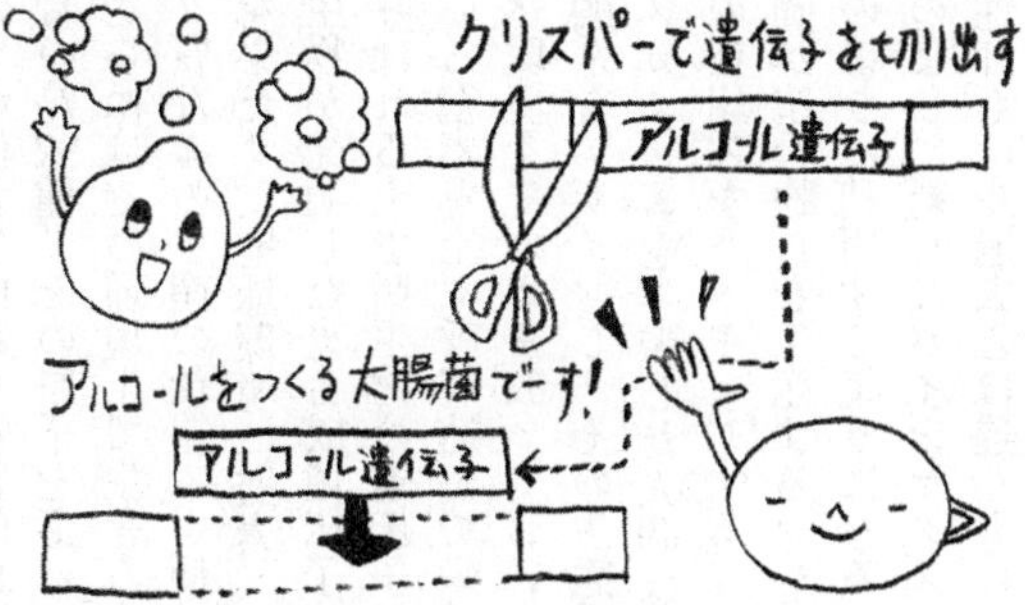

ん調達しようとしているのではないかしら?　１９６０年代に宇宙開拓に熱狂したように、今度はミクロの生命の仕組みをハッキングすることで、文明の進化を支えるだけの資源調達の最大化を実現する。たぶん遠からぬ未来、土のなかにいるバクテリアが生産する電気エネルギーで車を走らせるとか、お腹のなかにいる善玉菌をカスタマイズして、ガンにかからず健康に１００歳まで生きられるサプリメントとかが開発される。

あるいは宇宙空間でも死なないタフな光合成細菌をデザインし、それを火星に放って酸素を発生させて人間が移住できる環境をつくるプロジェクトが国家単位で行われるかもしれない。微生物をはじめ、あらゆる生物が「人間のしもべ」になり、人間社会の発展を支える。今まで触れてはいけなかった「生命のひみつ」を紐解くことで、巨大な「外部の世界」のドアが開く。

僕たちの住む生態系を物質的に還元して見てみれば、要はたった118種類のうち自然のものが92種。その原子をあれこれ組み換えて大気や海、土や岩や鉱山などの自然環境、さらにはその環境下で生きる生物が組み立てられている。遺伝子は、アミノ酸やタンパク質などの生産の仕組みを使って分子の組み換えをするプログラミング・コードの役割を果たす。地球環境に酸素（O^2）が大量に存在するのは、シアノバクテリア※5という微生物が発明した光合成遺伝子の働きのおかげ。農家が野菜を育てられるのは、根粒菌※6と呼ばれる土壌微生物の遺伝子がコードする酵素（ニトロゲナーゼ）が、大気中に溶けている窒素を土に呼び込んで栄養豊かな畑をつくるおかげだ。

　自然環境をそのまま放っておいても生態系はできない。生物の持つ遺伝子のはたらきが生態系をデザインし、その生態系のなかでより多様な生命と遺伝子が育まれていった。このメカニズムを学習した人間は、「遺伝子のコードによって環境を変える」という生物界の仕組みをハッキングする。クリスパーのような遺伝子の改変技術を使って、生物を人間が望む物質を生産するマシーンに変え、生命の自己増殖の仕組みを工場の生産ラインのように利用するようになるだろう。

　このように新たなバイオテクノロジーが産業の隅々に埋め込まれた時、ヒトと自然の関係性はもはや過去とは違うものに変容してしまうはずだ。未知なる生命への畏れは、プロダクト生産におけるリスクに変わる。恵みと厄災をもたらす母なる自然は、計画的に物質を生産するための工場に変わる。そうなればヒトはもう自然に神を見出すことをやめるだろう。その瞬間、ホモ・サピエンスとは違う「新しいヒト」が生まれるのかもしれない。

遺伝子組み換え作物やデザイナーベビー[※7]に僕たちが不安を抱くのは「ヒトが神になること」への抵抗感だ（一部のテクノロジー・ギークが生命のデザインに興味を抱くのは「自分が神になること」への憧れがあるのかもしれない）。しかし「神というヴァーチャルな存在」を意識している時点で、どれだけ最先端のテクノロジーを手にしたとしても、それはまだトロブリアンド諸島の部族民と同じ、神への劣等感にさいなまれて様々な儀式を行う旧人類でしかない。

生命を自由に操れるようになった新しいヒトは神を「超える」のではなく、神を「殺す」だろう。神という存在を意識しなくても生きていけるように、脳のなかに神を生みだす遺伝子コードを発見し、アンインストールする。その瞬間、ヒトは「みんなみんなで一つの和」を抜け出し、レヴィ＝ストロースやモースおじさんの「文化人類学的な世界」から別の世界に移行するのかもしれない。

「旧人類もなかなか楽しいもんじゃのう」と日々のんびり生きている僕には想像もつかないことだが、ミクロのフロンティアを前にした僕たちは人類史のターニングポイントを迎えている。

麹菌の品種改良を行った日本人

まるでＳＦのような不穏な話をしてしまったので、もうちょっと身近なトピックスを取り上げよう。クリスパーのような遺伝子の編集テクノロジーにおける基本的な発想は実は目新しいものではない。昨今よく話題にあがる遺伝子組換え技術も、クリスパーほど精度は高くないがやろうとしていることは基本的にいっしょ。人間に都合よく働いてくれるように生物を改造するのが目的だ。さらに言えばだな。日本の発酵文化のシンボルと言える麹菌（ニホンコウジカビ）も「人間に改造された生物」なのかもしれないのだよ。

東京大学の名誉教授で麹菌研究の権威である北本勝ひこ博士は、日本人は長い時間をかけて麹菌を人間が飼いならしやすいように改良してきたのではないかという説を提唱している。野生環境にいる麹菌によく似たＡ・フラブスという菌のゲノム（全遺伝情報）を麹菌のゲノムと比較した結果、99％以上が共通であることがわかった。つまりＡ・フラブスと麹菌は同じルーツの親戚同士と言える。ではその１％の違いは何か？
麹菌はＡ・フラブスと比べると、

・カビ毒を持たない
・酒や調味料づくりに必要な分解酵素の力が著しく強い
・性質を変えずに安定して培養（コピー）できる

という特性を持っている。これって全部「人間に都合のいい性質」だよね。なぜこのような特殊なカビが生まれたかというと「種麴屋（もやし屋）」と呼ばれる麴菌の卸売メーカーが麴菌を改良した結果ではないかと推測されている。この「種麴屋」は、麴菌のカビの胞子をパッケージした「種麴」という粉を売っている。その起源はなんと１０００年以上に遡り、人類史でも特異な「古代から続く菌の培養集団」だ（ちなみに東北から九州まで10社弱が現役バリバリでビジネスしている）。

種麴屋は、酒蔵や味噌蔵、醤油蔵などにスタートとなる種麴を売る。そしたらフィードバックをもらうじゃん。

「酒の酵母が喜ぶ甘い麴を作りたい」
「醤油向きの旨味が強い麴を作りたい」

とかね。そしたらその目的にかなう新商品を開発する。それを何百年も続けるうちに、もともとは野生の不安定なカビだった麹菌が、だんだんと家畜化されて発酵食品に適した生物に変わっていく。オオカミを家畜化して犬にしたように、種麹屋はカビを家畜化して麹菌にした。そしてその家畜化したカビを大量培養して和食文化の基礎とした。

アナタはこの話を聞いてどう思うだろうか？

「日本人の伝統の知恵すげえ！」

「えっ……、人間の都合で生物をいじるとかコワくない？」

どっちもそれぞれ正しい。「見えない自然との共生」とも言えるし「人間による一方的な自然の改変」とも言える。レヴィ＝ストロースは「熱い社会」と「冷たい社会」は同じ時代、同じ文化のなかで共存していると言う。であるならば、典型的な「冷たい社会」に見える日本の伝統文化のなかに、現代人と同じような「進化と変化への願望」があるはずだ。人間をおおいなる自然の一部として捉える謙虚さと、自然を思うままに改変する支配者と捉える傲慢さは、人間の根源的な二面性を示している。

麹菌の家畜化とクリスパーによる遺伝子操作は一本の線でつながっている。

「日本的」な発酵とはなんだろうか？

四方が海の島国、日本は歴史の大半を通じて「閉じられた世界」だった。もちろん外

国と貿易もしてきたけど、それは少量の加工品や文物に限定されていた。新しい都市をつくる木材や石材、建設に従事する作業員をまるっと外から調達することはできなかった（ローマ帝国や中国がよくやっていたことだ）。つまり自国の領土内の資源で国を維持していく他なかった。

この物理的制限や気候風土が、日本における独特の「ヒトと自然の関係性」を生み出した。人口密度が高いにもかかわらず、森林資源や水資源が枯渇しない方法論を生み出した。数百年単位で管理する高度な林業計画や、土が枯れにくい水田農法などを駆使して、土地が荒廃しない自然のマネージメントをおこなってきたのだね。日本の各地を歩いていると、どんな僻地にも人の手が入っている。「手付かずの自然」は離島や山奥などのごく一部。日本における自然とは「人の手が入った里山」だ。この里山とはつまり「人間が自然を生かさず殺さずの関係に留めている状態」だと言える。奪い尽くすほどではなく、ほどほどに人間の利益を引き出す。その「ほどほど」が持続可能性を担保する。

ほどほどに畏れ敬い、ほどほどに利用する。宮沢賢治の童話で描かれたような日本人の自然への向かい方に、僕は「好ましいユルさ」を感じる。日本人にとって自然は基本的には恵みをもたらすありがたい存在。しかし局所的に厄災をもたらすので、そのためのリスクマネージメントもちゃんとやる。恵みがずっと続くように、手入れもおこたらない。

この姿勢は、生物への向かい合い方にも反映されているのではないかしら？

麹菌が役に立つとわかると、里山の森のように飼いならし、長い長い時間をかけて少しずつ改良していく。その一方で麹菌を神のように崇め、麹で醸した酒を奉納する。厄災をもたらす悪鬼として徹底的に菌を排除するわけでもなく、いったん役に立つとわかったら短時間に徹底的に改良して利用しつくすわけでもない。このユルいスタンスは、外部から資源調達をすることができない社会の、持続可能性をキープする知恵でもある。

麹をはじめとする特徴的な発酵文化を洗練させた日本人は、近代化を迎えた明治時代以降、微生物学の世界で欧米諸国と比肩する数々のイノベーションを成し遂げてきた。

明治〜大正期に活躍した微生物学者・実業家の高峰譲吉は明治27年に「タカヂアスターゼ」という胃薬をアメリカと日本で大ヒットさせる。これは麹菌の消化酵素に着目して、それを工業的に大量生産するという「日本の伝統と先端技術のいいとこ取り」と言える発明だ。高峰譲吉以降、微生物の働きを応用した「発酵プロダクト」が次々に発明され、発酵技術は現代的なマスインダストリアルの中でも重要な地位を占めるようになった。

僕自身、海外の微生物学者たちに出会って、日本の微生物研究への深いリスペクトを実感することがあった。人間の腸内環境や再生医療に関わる基礎研究など、日本が最先端を走っている研究分野がいまのところけっこうあるのだね。「日本サイコー！」と安易に吹聴するのが好きでない僕も、こと微生物の世界において日本は「むむむ、なかなかのものではないか……！」と感心する（もちろん日本同様にリスペクトを受けている他の国もいくつもあるよ）。特許をいくつ取ったとか研究機関がどれだけあるかという「量」はもちろん、「質」としてのユニークさもあることは確かだ。

そこには、先人たちから受け継がれた「見えない自然への敬意」が少なからず関与しているのだと僕は思う。某サッカー漫画にならっていえば、日本人にとって、

「菌はともだち　こわくないよ！」

なのだ。よーく観察すれば、かならずどこかに自分の欲しいモノをつくってくれるナイ

スな微生物が潜んでいるはず。そいつの力を最先端のテクノロジーで引き出す。それが日本における発酵の「明るい未来」なのではないかしら。

発酵の道は、人間の道に通ず

最後のまとめに入ろう。

発酵をはじめとするバイオテクノロジーの未来は、サイエンスの世界だけを見ていても見つからないかもしれない。サイエンスは様々な可能性を人間に与えてくれる。ただし、その可能性の「意味」は与えてくれない。サイエンスは「いつでも、全ての人にとって普遍的なもの」を司る学問だ。地球上のどこでも物体は重力に引っ張られ、ＤＮＡはタンパク質を設計する。ここに「個人の価値判断」は関与しない。「オレは重力から自由だ！」と叫んでも、大気圏から脱出することはできない。サイエンスには普遍的な現象は規定できても、僕個人にとっての意味は規定できない。

さてこの前提をふまえたうえで、改めて発酵って何だろう？

ＰＡＲＴ４で解説したように、発酵は化学的な現象として定義できる。あるいはこの章で解説したように発酵を引き起こす微生物は遺伝子からそのデザインを分解し定式化できる。しかしＰＡＲＴ５で解説したように、発酵食品を味わう僕たちの感性には普遍性はない。時代とともに移り変わり、その時、その場所、他ならぬ僕のなかで起こる「一瞬のさざなみ」だ。

このお酒が美味しい！　このお味噌汁が美味しい！　とアナタが感動する時、そこには物理的な現象とヴァーチャルな情報が複雑に絡み合って生まれるヒトの「感性」がはたらいている。この「感性」には、アナタがどの時代、どの場所で生まれ育ち、どのような人生を送ってきたのかという「歴史」が紐付いている。

さらにヒトは各自に固有の「感性」を通じて、他者とコミュニケーションをすることができる。同じ食卓を囲んでともに料理を味わい、絆を深めることができる。

この「食卓を囲む」という、感性を通じてのコミュニケーションを僕たちは「文化」と呼ぶ。

発酵とは、サイエンスに支えられた文化の作法だ。見えない自然を捉え、ミクロの生物と関係を結び、暮らしのなかによろこびを埋め込む。自然現象をじっと見つめる目があり、創意工夫を凝らして自然をデザインする手があり、生み出された価値を楽しみ分かち合う心がある。この総体が発酵文化。そして発酵文化を通してヒト（人類）の不思議を紐解くのが「発酵文化人類学」なのであ

るよ（ここで話が最初に戻った。やっほー！）。

シュワシュワしているブドウジュースに意味はない。それを人間が飲んで「美味い！」と感じた時、はじめてそこに意味が生まれる。見えない自然が引き起こす現象にヒトが意味を与えた瞬間、それこそが発酵の生まれた瞬間だ。

僕たちはいま、自然を意のままにデザインできる技術を手に入れた。

この技術は「より幸せな世界」のためのもの。そして「何が幸せか」を問うことができるのは、他ならぬ僕でありアナタだ。伝統回帰でも破壊的進化でもない第三の道は、テクノロジーに意味を見出す新世代のホモ・ファーメンタム《発酵するヒト》の「感性」にかかっている（さもなければ、神を殺す「新しいヒト」の世紀が始まるかも）。

北から南、西から東。日本の土地の隅々に人の営みと自然の恵みが結び合わされた多様な文化が息づいている。「発酵文化人類学」の舞台になるのは、ヒトと自然がおりなす暮らしの芸術の世界。そしてその舞台の主役は、他ならぬアナタだ。アナタが手前みそを仕込むたび、また家族や友人と食卓を囲むたび、何千年も受け継がれてきたバトンが次の世代にパスされる。

美しい酒を醸すように、美しい社会を醸していこうぜ。

※1　天叢雲剣（あめのむらくものつるぎ）と呼ばれる、天皇家の武力を象徴する三種の神器のひとつ。
※2　CRISPR-Cas9が正確な名称。
※3　実はウィルスの中にはRNAによって動くものもいるのだが、そもそもウィルスを生物とするかは議論が分かれるところなので除外。
※4　実は人間よりも全遺伝情報が多い生物もいる（特に植物に多い）。情報が多いから高度に進化しているとは言い切れない。
※5　藍色細菌とも呼ばれ、光合成によって酸素を生み出す細菌。湿地や水たまり、水槽の縁などに発生して、緑色のねばねばした膜状になる。
※6　空気中の窒素を植物が養分として利用できるアンモニアに変換する細菌。
※7　受精卵の遺伝子操作によって、外見や知力、体力や病気に対する耐性など、親の希望をかなえた形で生まれる赤ちゃんのこと。

解説

PART7のテーマは「バイオテクノロジーとヒトの未来」。

発酵を広義のバイオテクノロジーと捉えて、これから人間がテクノロジーを使ってどのように生命を取り扱うべきなのか論じてみました。

遺伝子や生命活動のメカニズムについてはアメリカの大学で広く採用されている『大学生物学の教科書』を何度も繰り返しおさらいして勉強しました。たくさんの図解とともに生物学の基本がわかる素晴らしいシリーズです。この章で取り扱ったトピックスは第一巻の「細胞生物学」、第二巻の「分子遺伝学」に詳しく解説されています。

全五巻を完璧に理解すると、最新の研究論文もある程度読むことができるようになります。

遺伝子組換えとクリスパーについては、2016年に刊行された科学ジャーナリスト小林雅一の『ゲノム編集とは何か「DNAのメス」クリスパーの衝撃』でそのアウトラインを摑めます。日本でも近々クリスパーの技術を使った遺伝子操作が、普通の大学の研究室で行われるようになるでしょう。英語が読めるのであれば、クリスパーの実践法もインターネット上でアクセスできます。

麹菌（アスペルギルス・オリゼ）の品種改良については、東京大学農学部の名誉教授であり麹菌研究の第一人者、北本勝ひこ博士の『和食とうま味のミステリー』で概要を知ることができます。このエピソードは、映画『千年の一滴　だし　しょうゆ』でも出てきたので、発酵好きにはよく知られているのではないでしょうか。

伝統文化の象徴と捉えてきた発酵文化も、見方をかえてみればバイオテクノロジーの最先端。技術革新と伝承のあいだで揺れ動きながら、新たな進化を見せるでしょう。

【参考文献】

『大学生物学の教科書〈第一巻〉〈第二巻〉』Ｄ・サダヴァ他　講談社

『ゲノム編集とは何か「ＤＮＡのメス」クリスパーの衝撃』小林雅一　講談社

『和食とうま味のミステリー　国産麹菌オリゼがつむぐ千年の歴史』北本勝ひこ　河出書房新社

生命操作の現在地と論点をおさえる

『〈生命〉とは何だろうか　表現する生物学、思考する芸術』岩崎秀雄　講談社

バイオテクノロジーとしての発酵を知る

『見えない巨人　微生物』別府輝彦　ベレ出版

バイオテクノロジーの新しい動きを知る

『バイオパンク　ＤＩＹ科学者たちのＤＮＡハック！』マーカス・ウォールセン　ＮＨＫ出版

あとがき　いざ、次なる冒険へ！

おつかれさまでした。

発酵を巡る冒険、お楽しみいただけましたか？

お味噌や日本酒など、身近な発酵食品を紐解きながら、微生物と人間の織りなす奥深い世界の一端が垣間見えたはずです。生物学や有機化学の専門知識の連打にめげず、ここまで読み切ってくれてありがとう！

でね。この『発酵文化人類学』を書き終えた僕は、ただいま奄美群島に滞在中。黒糖焼酎と大島紬の染色技術を調べに来たのだな。奄美群島は、鹿児島と沖縄のあいだに位置する大小8つの島の集合体（ちょっとトロブリアンド諸島みたい）。歴史的には長らく琉球王国に属し、その後薩摩藩に併合された。今回調べに来た黒糖焼酎と大島紬は、琉球の文脈のなかで育まれ、九州から日本各地へと伝播していった「異なる文化の橋渡し」をになうプロダクトだ。

黒糖焼酎は、奄美の特産品であるサトウキビを煮詰めてつくる黒い砂糖で醸す蒸留酒。米麹と黒糖を混ぜてもろみをつくり、それを何度も蒸留してアルコール度数40度強の原酒に仕上げる。この製法を見るに「焼酎っていうか、それラム酒[※1]じゃないの？」と思っていたのだけど、地元の小さな蔵の製法を見て「ラムっていうか、むしろ泡盛だな」ということがわかった。泡盛は琉球王朝に伝わる蒸留酒。黒麹菌という、南国独特のエキゾチックな麹菌を使って醸す酒で、東南アジアの焼酎文化を色濃く反映した酒だ。

僕の見学した富田酒造場（「龍宮」という銘柄が地元で人気）では、泡盛と同様の黒麹を使った米麹に黒糖を混ぜて酒を仕込んでいた。大手メーカーのつくる澄んだ風味の黒糖焼酎と違い、富田酒造場のような泡盛タイプの黒糖焼酎は、ラムのような香り高さと泡盛のコクが同居したインパクトある風味を持つ。アルコール度数40度強の原酒を、氷や水で割らずにストレートで、スコッチ・ウィスキーを飲むように味わうとそのエキゾチックな香りを堪能できる、素晴らしい酒だったのだぜ。

大島紬も、奄美特産の絹織物として全国にその名を馳せている。手紡ぎの絹糸を奄美に自生しているシャリンバイというバラ科の樹の皮を煮出した汁に漬け、泥と混ぜて色を定着させていく。その時に、シャリンバイと泥土の染色液が微生物によってブクブクと発酵する。おそらく藍染や柿渋染のような複雑な微生物の働きによって色素が糸に定着するようになるんだろうけど、残念ながら現状その発酵の仕組みはほとんど解明されていない。染色し始めの頃はピンク色だったものが、何度も何度も染めを繰り返していくうちに褐色になり、最後には大島紬特有の渋みのある黒色が生まれる。実は発酵技術は食品だけではなく、テキスタイルの領域でも活躍しまくっているのだな。

さてこの大島紬。テキスタイルの系譜から辿っていくと、その原型となったのはインドやジャワの絣《かすり》織り（経《たて》糸と緯《よこ》糸が重なって柄をつくる織物技術）と言われている。大陸の文化が海を渡って島に定着し、やがて奄美の風土にあわせて進化を遂げていったんだよ。

僕が見学させてもらった染色工房、金井工芸の原料加工や染色の工程を見ていると、まさにテキスタイルと染色の文化を通して、離島とアジアがつながっていることに気づく。

「ちょっと待って！　『あとがき』ってもっと本全体の総括とかするもんなんじゃないの？　最後ぐらいキレイにまとめなよ」

いやね、一応あるんだよ？　最後にこういう話をする意味が。

僕が何を言いたいかというとだな、

「日本を深掘りすると、海の外へとつながっていく」

ということなんだ。黒糖焼酎を掘ると琉球に行き着き、琉球は台湾やタイの文化と紐付いている。大島紬を掘るとインドやジャワへのルートが見えてくる。ヨーロッパからもたらされたワインは、山梨においてローカルな地酒になりつつある。そもそも今回メインで取り上げた麹文化も、東アジア文化圏が共有する普遍的なものだ。

「日本は世界的にユニークな発酵大国で……」

なんて軽々しく言えるほど、僕は発酵のことを深く掘れていない。文化人類学の基本的な方法論は「比較」にある。異なる文化を複数比較することで、はじめてその文化のユニークさが浮き彫りになる。

ということはだ。

僕は次なる「発酵をめぐる冒険」に出なければいけないのだよ。離島から東アジアへ、そしてさらに西へ。日本の文化をかたちづくったルーツを訪ねに、あるいは日本の文化とまったく違う文脈の発酵を探しに、美味しい発酵食品と未知なる微生物たちを探しに、次の冒険の地は、ユーラシア大陸全体だぜ！

それでは。

次は海の外でお会いしましょう。発酵デザイナーの小倉ヒラクでした。

全国各地の醸造家と発酵の実践者に幸あれ！

※1　サトウキビの絞り汁を醸してつくる蒸留酒。中南米でよく飲まれる。

〈単行本時のスペシャルサンクス〉

本の中に登場してくれた
鈴木順子・剛（旭洋酒）、寺田優（寺田本家）、古関弘（新政酒蔵）、五味仁（五味醤油）、城慶典（ミツル醤油醸造元）、若尾亮（マルサン葡萄酒）

本の制作にあたってお世話になった
穂坂賢先生はじめお世話になった農大の先生がた、ソトコト編集部&BAUMの制作チーム

本の出版にあたって応援してくれた
かもめブックス、スタンダードブックストア、中目黒蔦屋書店、ホトリニテ、青山ブックセンター本店

文庫版あとがき

僕が『発酵文化人類学』を書いてから3年が経った。この本がきっかけになってたくさんの出会いがあった。全国各地から「うちの土地の発酵食品も食べにきてください！」と声をかけてもらい、文化人類学の研究者からも面白がってもらった。3年のあいだに発酵は単なる食の領域を超え、日本の文化の基層を成す大事な存在であることが明らかになってきたように思う（そしてその拡がりに僕の本が寄与できたことを嬉しく思っているぜ）。

さて。文庫版あとがきに代えて、この3年間に感じた発酵文化の未来の可能性を記しておきたいと思う。これから発酵はどんなふうに社会のなかで価値を発揮していくのであろうか？　僕と僕の友人たちの新たな活動も交えて考えていきたいと思う。

ローカリティの再発見

この本が出た翌年の２０１８年から、僕は全国47都道府県の、その土地ならではのローカル発酵文化を巡る8か月の旅に出た。木曾のすんきや嶺北地方の碁石茶のような、他にはない不思議な発酵食品が全国に無数にあることを旅のなかで確かめていった。海藻でつくったゼリーを漬け込む宮崎県日南海岸の「むかでのり」。深海魚のアラと酸っぱくなってしまった古漬けと酒粕を混ぜた宮城県気仙沼の「あざら」。さつまいものでんぷん質を微生物の働きによって取り出す長崎県対馬の「せん」など、どうカテゴライズしていいのかわからない、製法も風味もびっくり仰天のものが山間や海辺の辺境でひっそりと継承されてきた。現地でその背景を調べてみると、その土地の気候風土や歴史的文脈、信仰や祭りのような文化的習俗が芋づる式に出てくる。この本のＰＡＲＴ３で述べた「地理的条件や微生物の生態系によって人間の文化が生み出されていく」という実例を数え切れないほど見た。47都道府県のおよそ70地域をまわって確信した。発酵文化を紐解くということは、その土地に眠る記憶を掘り起こすということなのだと。僕はそれを「記憶の方舟」と名付け、その文化の多様性を体系化すべく、２０１９年に渋谷ヒカリエのd47 MUSEUMで『Fermentation Tourism Nippon～発酵から再発見する日本の旅』という展覧会を開き、旅の模様を『日本発酵紀行』という旅行記にまとめて出版した。展覧会も本も大きな反響が（展覧会は3か月弱で約5万人の来場者を記録。びっくり！）あり、各地の自治体や市民団体から問い合わせが相次いでいる。今まで見過ごしていた価値の再発見と、発酵を核にしたまちづくりや観光をやりたい！　という機運が高まってきたんだね。

実例をひとつ。青森県十和田を訪ねた時に「ごど」という不思議な発酵文化に出会った。青森県南部地方の湿地帯は昭和初期まで稲作がなかなか根付かず、主食として豆を食べる文化があった。各家庭が納豆を手作りするのだが、たまに温度管理に失敗して酸っぱくて糸を引かないビミョーなものができてしまう。「ごど」は失敗した納豆に麹と少量の塩を混ぜ、さらに熟成させて乳酸発酵させる、納豆×麹×乳酸発酵という「ラーメンのトッピング全部盛り」状態のハードコア発酵食品なのだね。地域内のごく少数のおばあさん達が細々と手作りしているだけの「ごど」に僕は惚れ込み、作り方を伝授してもらった。

「ごどの文化、他の人に広めてもいいかな？」
「もう私たちが作っているだけだからねえ……ぜひやってくださいな」

ごどのレシピ再現に成功した後、料理や発酵の愛好家向けにワークショップを開催したり、ＷＥＢでレシピを公開したりとごどの普及活動を始めてみたらだな。シェフたちが熱狂して自分の店で仕込みをしたり、新聞やメディアが「ごどとは何ぞ？」と騒ぎ出し、やがてごどの仕込み見学をコーディネートしてくれた十和田の矢部さんという同世代の女子が、
「私はごどを十和田の食文化のシンボルにします！」

と宣言。仲間とともに十和田発酵食品協会を設立して新たな仕事を作り出してしまった。オーバー70歳のおかあさん達の代で途切れてしまうかと思われたごどが、なんとモダンに蘇ってしまったのだ。米どころとしての典型的な東北の気候風土とは異なる十和田の個性の結晶であるごどは、地元の文化に誇りを取り戻し、なんなら仕事も生んでしまった。ローカル発酵、恐るべし……！

ということで。

発酵を通して見ると、その土地の個性がキラキラ輝き出す。２０２０年の今になっても、五味醤油やマルサン葡萄酒、ミツル醤油醸造元にはこの本で知ったことがきっかけで蔵を訪ねる人が後をたたないという。発酵文化、醸造蔵はその土地を訪ねる強い動機になる。地域の文化の核になり得る存在なんだね。本のサブタイトルにならって言えば「微生物から見た地域のカタチ」には懐かしくも新鮮な魅力が詰まっている。

よみがえりのシンボル

本書に登場する新政の古関さんのその後を追いかけてみよう。出版後に古関さんはなんと！　酒造りの現場を離れ、米づくりを始めた。と言っても農家に転職したわけではなく、新政の新プロジェクト、無農薬の酒米づくりの陣頭指揮を取ることになったのだ。秋田市から車で東へ1時間弱の鵜養《うやしない》という、日本昔ばなしに出てきそうな美しい農村に拠点をつくり、オーバー70歳（下手したら80歳近い）の農家たちと一緒に米づくりを始めた古関さん。慣行農法（※化学肥料や農薬を使って収穫の効率化、安定化を図る現代の標準農法）によって行われていた鵜養の米づくりを、自分なりの農法の実践とご近所さんへの粘り強い説得で徐々に変えていき、今や集落内の大半の田んぼで無農薬、しかもかつてこの集落でつくられていた、山田錦のような酒米とは違う、ワイルドな米をつくるようになってしまった。新政の「伝統とローカルを活かしたモダンなものづくり」は、酒だけにとどまらず米にまで及ぶ。

　新政だけではない。全国各地の志ある酒蔵が米づくりに強くコミットするようになっている。醸造技術が標準化され、どこにでも高品質なスタンダード酒米を流通できるようになると、どの蔵でも間違いなく美味しい酒がつくれてしまう。必然的に起こるコモディティ化に対する対抗策は、ローカルへの回帰だ。その土地ゆかりの、土の潜在力を引き出した力強い米を、その蔵ゆかりの微生物のちからを借りて醸す。ひとつの定規の上で１００点の正解を「競う」ゲームから、蔵ごとに違う定規を新たに「つくる」ゲームへの移行だ。その時に、醸造蔵は地域の守り神、文化の継承者になるのだな。

　古関さんが米づくりに乗り出してから、超限界集落に活気が生まれ、おじちゃんおばちゃんたちの顔つきが変わった。惰性で既存の流通につくったものを卸すのではなく、酒という付加価値の高い嗜好品の原料にするために、プロセスやクオリティに情熱を燃やすようになったのだ。僕も数か月に一度鵜養を訪れているのだが、そのたびに近年の過疎地の常識を覆すような出来事が起こる。農家の孫が「やっぱり故郷に戻って農業をやりたい」と戻ってきて、20歳の元気な女子が煙草をスパスパ吸いながら田んぼでトラクターに乗っていたり、プロジェクトに興味を持った若い映像作家が何か月も住み込みで田んぼ仕事を手伝いながら撮影していたり……。3年のあいだにほぼ老人しかいなかった鵜養に、若い人たちが増えてきた。若い人たちが来るということは、そこに未来があるということだ。ここで生きていけば希望があるという未来が。

発酵は単純な「足し算」ではなく、人の工夫と微生物のちからをかけあわせた「掛け算」の価値をつくることができる。掛け算の余白に、新しい未来を宿すことができるのだ。

同じく本書に登場する寺田本家も、蔵の裏にある森の敷地を買い取って、カフェや作業場を整備している。目的は「水」を守ることだ。仕込みに使う水は、森の湧き水。山や森があるから、酒を醸すことができる。その土地に根ざした酒造りを大事にする寺田本家は、過疎化が進む小さな町のなかで単なる酒造メーカーを超えて、森を守り、生態系を維持する役割を担おうとしている。

でね。そうやって森を整備したり場所をつくろうとすると人手が必要になるでしょ。

寺田本家はその人手を「労働」ではなく「お祭り」にするのがめちゃ上手なんだね。寺田本家のファンの多くは、酒米をつくる田んぼ仕事や敷地の整備作業に関わることを楽しみにしている。都会から神崎の森へやってきて、自然や微生物に触れ、みんなで食卓を囲む。寺田本家はそういう体験イベントをずっと継続することで、単なる生産者と消費者を超えた、発酵を軸にしたコミュニティをつくってきた。

今起こっているのは「よみがえり」のムーブメントだ。各地の醸造家たちが、自分たちのものづくりを続けるために、崩れつつある地域の生業や生態系やコミュニティを再生させる。その試みが未来の希望となって、都会や海外からセンスの良い人たちを呼び寄せる。

２０１８年、この本がひとつのきっかけとなって発酵の特集が組まれた雑誌『ちゃぶ台』に寄稿した時にこんな一文を書いた。

『発酵させると、よみがえる。衰退していた土地がよみがえり、分断されたコミュニティがよみがえり、水と土がよみがえる。目に見えない菌たちが良く働くと、バラバラになっていた関係性が結びなおされる』（『ミシマ社の雑誌 ちゃぶ台』ミシマ社／編 Vol.4「発酵×経済」号）

新しくつくることだけが希望ではない。バラバラになっていたものを結び直す、機能不全になっていたものをよみがえらせることもまた、この時代における大事なクリエイティビティなのだ。

発酵的創造性

それではまた僕の話に。やはり本書に登場する情報学者のドミニク・チェンさんとこの本の出版イベントがきっかけになって愉快なプロジェクトが立ち上がった。その名も「ヌカボット」。木桶に一つ目玉がついたぬか床の妖怪ロボットだ。桶のなかのデジタルセンサーで、ぬか床内の状態をモニタリング。温度や湿度をはじめ、pH値やCO_2、各種香気成分をセンシングし、桶内のぬか漬けの発酵具合を判定。美味しくなってきたら「今いい感じだよ」、腐りそうになってきたら「そろそろ（床を）かき混ぜたら？」と、スマートスピーカーから話しかけてくる。そう。ヌカボットは人間とぬか床内の微生物叢（マイクロバイオーム）がコミュニケーションすることができるデバイスなのだ（※開発経緯や仕組みの詳細は『ＷＩＲＥＤ』のＷＥＢマガジン内、ドミニク・チェンさんの連載記事「FERMENT MEDIA RESEARCH　ドミニク・チェンの醸され『発酵メディア』研究」を参照）。

糠床から生まれる糠漬けは、海外でメジャーなザワークラウトやピクルスのよう漬物とは一線を画する複雑性がある。通常の漬物では、多量の塩を加えたうえで酸素を抜き、乳酸菌のような酸素を嫌う微生物を優先的に増殖させて酸っぱい味わいをつくり出す。ところが糠床には乳酸菌のほかに通常では雑菌扱いされるような、酸素を呼吸して強いニオイを生成する細菌類や酵母類が多数棲みついている。これは糠床の塩分濃度が比較的低いことと、定期的に人間の手や異なる食材が糠床の中に挿入されることによって多様な微生物が外から引っ越してくるからなんだね。その結果、糠漬けには独特の香ばしさや味の奥行きが生まれる。この個性は通常嫌われる雑多な微生物たちのおかげで生まれるのだ。ヌカボットでは、多様な微生物たちのせめぎ合いがデータに変換され、そこから「適切な共生関係＝おいしさ」、あるいは「バランスの崩れた関係＝腐敗」をパターンとして出力し、それが「おいしいよ」「そろそろかき混ぜて」というメッセージに翻訳される。

人間の認知や情報処理の仕組みでは、脳内で入力されたさまざまな情報が絡み合って思考になり、それが感覚や言葉に変換される。対してこの発酵ロボットでは、神経回路ではなく多様な微生物たちが彼らのやり方で思考をし、僕たち人間とコミュニケーションを取ることができてしまう。

ヌカボットは、フランスの情報学者のドミニクさんとデータ解析担当の韓国の研究者ソン・ヨンアさん、そして日本の僕の異なる文化背景を持つ開発チームが大事にしている、複雑なものを単純化せずに伝えたい、人間のそれとは違う社会性＝環世界を表現したいというコンセプトが具現化したものだ。環世界とはオランダの生物学者、ユクスキュルが提唱した概念。ユクスキュルはダニのライフスタイルを研究することで、ダニの世界は人間にとって重要な視覚や聴覚が存在しない、人間から見た世界とは全く異なるものであることに気づいた。地球に存在する生物の数だけある多様な「環世界」の概念を発酵の世界に当てはめたらどうなるのか？　微生物の環世界を人間が体験できたらどんなインタラクションが生まれるのか？　ヌカボットはクリエイターと研究者を兼ねる開発チームのハイブリッドな発想から生まれたものだ。

さてこのヌカボット。便利さを第一に考えれば腐りそうになったら自動的にかき混ぜるロボットにしてしまったほうが合理的なのだが、それは微生物を人間の理屈に従わせる方法論でおもしろくない。そうではなく、微生物に促されて人間のアクションが誘発されるような、自分とは違う理で生きているけれど不思議に愛着を持ってしまう、おちゃめな妖怪のような存在であってほしいと思っている。日々手入れをしながら自分の菌を移し、自分のなかにいる微生物たちの〝分身〟が話しかけてくるヌカボット。初お披露目はなんと！　イタリアのミラノトリエンナーレ。ミラノに種分けされたぬか床が美術館内で発酵し、そのデータがクラウド上にアップロードされて日本のヌカボットと連動した。各地で蓄積されたデータはその家、その土地、その国なりの「美味しさの多様性」を示してくれる。このプロジェクトにおいては、データの蓄積は単一解の収斂に向かうのではなく、無数の美味しさの「環世界」を可視化していくことになるのだ。

本書の主題のひとつは「多様なローカリティから生まれる創造性」だ。人間が主体的な判断でプロダクトを設計するエンジニアリングではなく、足元にあるものを集め、よく観察して臨機応変に組み合わせていくブリコラージュ。「こんな酒にしたい」という発想で最良の原料を世界各地から集めてくるのではなく、その土地にある水、米、微生物の特性を見極めて、そこから最適な関係性を見つけ出す。その時自分の意思では思いもかけなかったような、予想斜め上のクオリティが現れる。それは単なる偶然ではない。かといって計算ずくでもない。すでにあるものの再構築なのに、新鮮な驚きがある。人間の主体と客体のあいだに微生物たちが介在することで、ブリコラージュ的な創造性が現代によみがえる。哲学者の國分功一郎が再発見した、能動態でも受動態でもない「中動態」にならって言えば、人間と微生物の異なる環世界のコラボレーションによって生まれる「発酵態」による創造性の可能性。ここ3年で浮上してきたのは、食や健康の領域を超えて、人間のキャパシティを拡げていく「創造のオペレーションシステム」としての発酵の可能性だ！

……とまで言い切ってしまうのは僕の役割ではなくてだな。ヌカボットプロジェクトを主導する情報学者のドミニク・チェンさんや小説家の朝吹真理子さん、精神科医の星野概念さんや編集者の藤本智士さんなど、この本をきっかけに出会った、各分野の最先端で活躍する発酵ラブな表現者たちがこの「発酵態」の体現者となり、それぞれの領域で発酵的クリエーションを炸裂させていく（と激しく期待）。その時、発酵は食や健康領域の「アプリケーション＝Apps」から、文化をかたちづくる「オペレーションシステム＝OS」へと進化するはずだ。

かつて激動の明治〜大正期に岡倉天心の茶の道や鈴木大拙の禅、柳宗悦《むねよし》の民藝など日常の実践とローカリティに基づいた思想運動が勃興し、その後の文化の礎《いしずえ》となった。これらの思想運動には共通の特徴がある。茶を点てたり座禅を組んだり、器をつくったり使ったりと、入り口は日々の具体的な身体的実践だが、その実践のドアを通って奥に入っていくと人生の平穏や美という、より抽象的な普遍性があらわれてくる。西洋の哲学のように最初から抽象的に世界を摑むのではなく、まず具体からはじめて抽象へ、日常性から普遍性へと拡がっていく。

僕が何が言いたいのかというとだな。21世紀における日本的実践思想の系譜を継ぐのが発酵だということなんだ。ふたたび訪れた激動の時代に、人の精神や生活の拠り所になり、ものづくりの指針となり、それぞれの土地のアイデンティティとなる、思想運動としての発酵は、醸造家や料理家だけでなく多くの分野の発酵ラバーによって社会に深く根付き、価値が醸されていくだろう。楽しみだぜ！

生命を増やす持続性

最後にもう一つだけ、この本がきっかけに生まれた出会いの話を。北海道東の北見に環境大善というバイオメーカーがある。ここの主力商品の「きえ〜る」は、なんと！牛のおしっこを発酵させてつくる消臭剤だ。北見には畜産農家が多く、日々大量に廃棄される牛のおしっこは放っておくと川に流れて環境汚染のおそれがある。そこでその牛の尿を畜舎から集めてタンクで何段階も発酵させ、最終的に洗濯物の生乾きのニオイを抑制し、排水溝の詰まりを軽減させる不思議な液体コンポストをつくり出す。不快なニオイや水回りのぬめりや詰まりは雑菌によって発生することが多いのだが、このきえ〜るは発酵作用によって雑菌の有害な働きを抑え込むのだという。はじめて北見の本社を訪れた時、会長や社長はじめたくさんのスタッフたちが、

「発酵文化人類学を読んで感激しました！」

と歓迎してくれた。本書のPART3で「チームプレイによる複雑系発酵」のくだりを読んで「これはウチの商品のことだ！」と共感してくれたらしい。発酵槽を見学したら、様々な微生物のコロニーや代謝物質による泡が激しく沸き立っていてビックリ！　後日

この訪問の様子がＷＥＢ記事になると、謎の発酵消臭剤きえ〜るは大ブレイク。北海道東の地元を飛び越え全国から注文が相次ぐ人気商品に。その流れに乗って環境大善の代表窪之内さんが大学の研究室やバイオテクノロジーのファンドと提携してきえ〜るの発酵の謎、多種多様な善玉菌が雑菌を抑え込む原理を解き明かす研究が始まった。有害廃棄物のはずの牛のおしっこが、石油も合成香料のような添加物も一切使わないお役立ちプロダクトに変わる。この仕組みが解明されれば、発酵から環境問題にアプローチするナイスなテクノロジーを広く適用できる。実際２０２０年現在の時点でも、アジアや南米のきえ〜るの技術に興味を持つ企業や自治体から問い合わせが相次いでいるようだ。

　有害物質が微生物の作用により役立つものに変わる。廃棄するのにお金を払うゴミが、人に役立ってお金を稼げる宝物に変わる。本書ＰＡＲＴ４に登場する「発酵的ギフトエコノミー」を体現するのがきえ〜る。今風の言葉で言えばだな。不用品の再利用＝リサイクルではなく、廃棄品の価値の次元の差し替え＝アップサイクルだ。この「価値の次元の差し替え」こそが発酵の真骨頂。何かを我慢したり無くしたりするのではなく、不要なもの、有害なものを役立つものに変換してしまう。小さな生物たちが増殖していくことで、生態系のバランスの崩れを防ぎ、社会の持続性を担保する。発酵は「文化の拠りどころ」になる、と前述したが、さらに「社会の持続性の担保」にもなってしまう。精神世界にもリアル世界にも役立つとてつもない可能性が眠っている。

考えてみれば。人間の営みが生態系を破壊するのを防ぎながら経済や文化を持続させていく術は、もともと日本の発酵文化にインストールされていたものだ。酒蔵が美味しいお酒を醸し続けるためには、裏山の森を守らなければいけない。醤油蔵や味噌蔵が食にこだわる人が納得する商品をつくるには、地元の農業を守り、農家を応援しなければいけない。簡単にその土地から引っ越せない醸造蔵は、過疎化が進んできた地域のコミュニティを助けなければいけない。美味しいもの、役立つものをつくる営みの「副産物」として、モースおじさん流に言えば社会の秩序が生まれるのだよ。

発酵菌たちが増せば増すほど、楽しさ美味しさが増していく。楽しさ美味しさが深まるほど、その土地が豊かになっていく。しかめっ面で誰かを敵にまわす必要はない。足元にあるものをよく見つめるほどに、良い関係性を見出すほどに、自分の感性と小さな生命の働きに委ねるほどに、社会は良くなっていく。

それは綺麗事だろうか？　僕はそうは思わない。『発酵文化人類学』から始まった小さな動きは、やがて日本のあちこち、世界のあちこちに拡がっていく。その兆しをここ3年間本当にたくさん目の当たりにしてきた。またこの本が改訂されて、この文庫版あとがきのさらにあとがきを読者のみんなにレポートできる日を楽しみにしているよ。

２０２０年４月

小倉ヒラク

解説

橘ケンチ(EXILE)

僕が小倉ヒラクさんのお名前を知ったのは確か3年程前。よく行く書店の新刊おすすめコーナーにこの『発酵文化人類学』が並んでいた。まず目を引かれたのはその特徴的な装丁。一瞬イギリス文学か何かの本かと思いきや、タイトルには『発酵文化人類学』。どういう内容なんだろう？　と思いパラパラめくってみての感想。とんでもない人がいたもんだ(笑)。

その後、僕の知人から小倉さんのお名前を聞く機会がだんだんと増えてきて、僕の中で会いたい人ランキングでかなり上位のポジションに君臨する方になっていきました。発酵というと、発酵食品とかなんとなく酸っぱい系？　とかそんなイメージしかなかった僕ですが、日本酒にハマり始めてからはそのメカニズムにとても興味がわいてきた。日本酒でいう発酵とは、酵母という微生物が糖分を食べてアルコールと炭酸ガスを出すこと。要は発酵が進むとアルコール度数がどんどん上がっていくのだ（ある程度までアルコール度数が上がると酵母は自分の出したアルコールで死んでしまう。これも不思議な話だが面白い)。

ただ、その程度までの知識しかなかった。小倉ヒラクさんによると『発酵』とは、人間に〃有用〃な微生物が働いている過程のことらしい。逆に人間に〃有害〃な微生物が働いている過程を『腐敗』だと。『発酵』と『腐敗』は常に背中合わせなのだ。地球上で実は最も繁栄しているのが微生物。空気中にも土の中にも、皮膚の表面にも何億、何兆と住んでいる。その中でごく稀に人間によくなつき、良いことをしてくれる微生物がいるんですって!! それがこの本の主人公となる『発酵菌』。彼らのことを知るとこの世界は壮大なスケールに広がっていく気がする。目に見えない微生物達の営みがこんなにも自分達のことを支えてくれているとは。発酵には世界各地で独自のスタイルがあり、その起源を考えていくと文化と歴史に辿り着く。

秋、稲の収穫が終わると、その米を使って酒を仕込む。できた酒は、人間が飲む前にまず神に捧げられる。正月、神社に酒が奉納されるのはこの起源の名残りだ。

神の身体を頂いた人間は、豊穣と平和の感謝としてエッセンスを神に還す。そして再び神が再生することを願った。正月に振る舞われる「お屠蘇《とそ》」の語源には「悪鬼(蘇)を屠《ほふ》り、魂を再生させる」という説がある。中国では邪気を祓い不老長寿になれる薬酒として、大晦日に井戸の中に漢方薬をつるし、元旦に引き上げて酒に浸したものを年少者から飲んでいたと言う。ヤマタノオロチを退治し、民族の魂を再生させるもの、それが日本における酒の起源、そして発酵の起源だ（週末新橋で酔いつぶれた酔っぱらいも月曜には魂を再生して出社してくるし）。（本文より）

日本の歴史や神事にはお酒はつきものだし、そのお酒の根底には発酵という概念がある。発酵という壮大な概念を学ぶことで、この世界のことをもっと理解できるかもしれない、そんな風に思った。実は最近、小倉ヒラクさんと念願の対面を果たすことができた。しかも立て続けに2回も！（笑） どちらも仕事のオファーをいただいてのことだったので、ついに僕も発酵の世界に呼ばれ始めたと思ってニヤニヤしてしまいましたが（笑）。小倉さんは発酵デザイナーという肩書きをお持ちなんですが、実はそれは世界で小倉さんただ一人だけらしい。それもそのはず、自分でその職業を作り出してしまったのだ。もともとはデザイナー、途中から発酵の世界に魅せられて、発酵のことしか考えられなくなり、今では発酵に関する仕事がメインになっているとのこと。デザインはもちろんできるので、見えない発酵の世界のことをデザインに落とし込むのはお手の物……。ただの発酵研究者とは違う、世の中にわかりやすく発酵の魅力とその可能性を伝える新世代のクリエイター、発酵デザイナーがここに！ 今まさに！ 誕生したのです!!（大げさ!? 笑）

ただ、小倉さんとお話しさせていただいて思ったこと、こんな先生いたらいいなぁと。これまでの価値を解釈し直して、新しい表現で伝えていく存在。僕が目指していることでもあるので、大変刺激をいただきました。

だからもう一度、自分のカラダやアタマを使って「プロセスを味わう楽しみ」に戻ってみよう。結果の手前のプロセスにフォーカスする。大豆と麹を混ぜれば、自然と発酵が始まっていく。あとは目に見えない自然の力にゆだね、醸されていく過程を楽しむ。その過程を楽しめば楽しむほど、結果として生まれた味噌が美味しく、スペシャルに感じられる。そしてその「自分だけの手前みそ」を、家族や仲間たちと一緒にシェアすることができる。人と競争するのではなく、分かち合うことで「自分が自分であること」を確認する。（本文より）

この本を読んで発酵や微生物の世界に触れ、その中を覗きこんでいくと、もちつもたれつ、ギブアンドテイク的な言葉が浮かんでくる。全ては繫《つな》がっていて、大多数の中の自分であるということ。そんなことに気づかされる。入り口は発酵だったのに、あれ？　人間の内面について考えさせられている？　これぞまさに『発酵文化人類学』たる所以《ゆえん》かもしれない。ちなみにこの『発酵文化人類学』という言葉も小倉ヒラクさんが作り出された言葉。たくさんの既存の考え、価値観に触れ、それを自分という個性の中で発酵させ、まだ見ぬ土地に新しい旗を立てていく。世界にたった一人の発酵デザイナーの好奇心にまだまだ終わりはなさそうです。

２０２０年東京オリンピックイヤー、日本が世界から注目を集めるはずだった記念すべき年に新型コロナウイルスという未知なる脅威が襲いかかってきた。在宅ワークを余儀なくされ、人との接触は極力控えなければならなくなっている。夢見た２０２０年から一転、世の中にただよう自粛ムードの中、僕は黙々と本を読み漁《あさ》っている。答えの見つからない毎日、本を読むことで少しでも救われる気がするからかもしれない。

でもね、思ったんです。答えなんてない。誰も経験したことのない状況に対して答えなんてあるわけがない。ただ言えることは、答えに近づくための努力はできるということ。考え方も働き方もこれまでの常識に囚《とら》われず、全く新しいモノの見方ができる柔軟性を養わなければいけない。

大量消費の時代は過ぎ去り、何が本当に大切なのかを強烈に突きつけられる時代がやってくる。人間が作り上げてきたものに答えはない。自然、もっとミクロな世界で見れば微生物の世界にヒントは隠されているかもしれない。そもそも人間が地球上に生まれたのは長い歴史からするとごく最近のこと。そのずっと前から生き続けている微生物に対して興味を持つべきだし、そこから学ぶべきだと思う。国や会社がしっかりしているから、なんとなく生きていける……そんな時代は崩れていくかもしれない。

自分の中に武器を持つべきだし、その数が多ければ多いほどいい。その一つ一つが身となり「発酵」して「個性」となっていく。自分だけのオリジナルを作りあげる、まさに「手前みそ」精神がこの逆境を乗り越えていく一つの鍵となるのではないかと思っています。

（『EXILE mobile』2019/04/27 紹介作品 No.31 掲載原稿に加筆修正を行いました。）

本書は、二〇一七年五月に木楽舎より刊行された
単行本を加筆修正のうえ、文庫化したものです。

発《はつ》酵《こう》文《ぶん》化《か》人《じん》類《るい》学《がく》

微生物《びせいぶつ》から見《み》た社会《しゃかい》のカタチ

小倉《おぐら》ヒラク

令和2年 6月25日　初版発行
令和6年 10月30日　19版発行

発行者●山下直久

発行●株式会社KADOKAWA
〒102-8177　東京都千代田区富士見2-13-3
電話　0570-002-301（ナビダイヤル）

角川文庫 22216

印刷所●株式会社KADOKAWA
製本所●株式会社KADOKAWA

表紙画●和田三造

●お問い合わせ
https://www.kadokawa.co.jp/（「お問い合わせ」へお進みください）
※内容によっては、お答えできない場合があります。
※サポートは日本国内のみとさせていただきます。
※Japanese text only

ISBN 978-4-04-109291-0　C0195

◆◇◇

角川文庫発刊に際して

角川源義

第二次世界大戦の敗北は、軍事力の敗北であった以上に、私たちの若い文化力の敗退であった。私たちの文化が戦争に対して如何に無力であり、単なるあだ花に過ぎなかったかを、私たちは身を以て体験し痛感した。西洋近代文化の摂取にとって、明治以後八十年の歳月は決して短かすぎたとは言えない。にもかかわらず、近代文化の伝統を確立し、自由な批判と柔軟な良識に富む文化層として自らを形成することに私たちは失敗して来た。そしてこれは、各層への文化の普及滲透を任務とする出版人の責任でもあった。

一九四五年以来、私たちは再び振出しに戻り、第一歩から踏み出すことを余儀なくされた。これは大きな不幸ではあるが、反面、これまでの混沌・未熟・歪曲の中にあった我が国の文化に秩序と確たる基礎を齎らすためには絶好の機会でもある。角川書店は、このような祖国の文化的危機にあたり、微力をも顧みず再建の礎石たるべき抱負と決意とをもって出発したが、ここに創立以来の念願を果すべく角川文庫を発刊する。これまで刊行されたあらゆる全集叢書文庫類の長所と短所とを検討し、古今東西の不朽の典籍を、良心的編集のもとに、廉価に、そして書架にふさわしい美本として、多くのひとびとに提供しようとする。しかし私たちは徒らに百科全書的な知識のジレッタントを作ることを目的とせず、あくまで祖国の文化に秩序と再建への道を示し、この文庫を角川書店の栄ある事業として、今後永久に継続発展せしめ、学芸と教養との殿堂として大成せんことを期したい。多くの読書子の愛情ある忠言と支持とによって、この希望と抱負とを完遂せしめられんことを願う。

一九四九年五月三日

角川文庫ベストセラー

わしらは怪しい探険隊　椎名　誠

おれわあいくぞうドバドバだぞお……潮騒うずまく伊良湖の沖に、やって来ました「東日本なんでもケトばす会」ご一行。ドタバタ、ハチャメチャ、珍騒動の連日連夜。男だけのおもしろ世界。

麦酒泡之介的人生　椎名　誠

時に絶海の孤島で海亀に出会い、時に三角ベース野球で汗まみれになり、ウニホヤナマコを熱く語る。朝のヒンズースクワット、一日一麵、そして夜には酒を飲む。ビール片手に人生のヨロコビをつづったエッセイ！

玉ねぎフライパン作戦　椎名　誠

はらがへった夜には、フライパンと玉ねぎの登場だ。勘とイキオイだけが頼りの男の料理だ、なめんなよ！　古今東西うまいサケと肴のことがたっぷり詰まった、シーナ節全開の痛快食べ物エッセイ集！

あやしい探検隊　北海道乱入　椎名　誠

あやしい探検隊でやり残したことがあったのだ！と気付いたシーナ隊長は隊員とドレイを招集。北海道物乞い（お貰い）旅への出発を宣言した！　笑いと感動のバカ旅。『あやしい探検隊　北海道物乞い旅』改題。

あやしい探検隊　済州島乱入　椎名　誠

今度は済州島だ！　シーナ隊長と隊員は気のいい現地ガイド兼通訳・ドンス君の案内で島に乱入。総勢17人がクルマ2台で島を駆け巡る。笑いとバカと旨いもの盛りだくさん、「あやしい探検隊」再始動第2弾！